现代林业生态工程建设研究

方 坤 贾斌斌 曾 勇◎著

吉林科学技术出版社

图书在版编目（CIP）数据

现代林业生态工程建设研究 / 方坤，贾斌斌，曾勇著. -- 长春 : 吉林科学技术出版社，2023.5
ISBN 978-7-5744-0518-9

Ⅰ. ①现… Ⅱ. ①方… ②贾… ③曾… Ⅲ. ①林业一生态工程一研究 Ⅳ. ①S718.5

中国国家版本馆 CIP 数据核字(2023)第 103832 号

现代林业生态工程建设研究

作　　者　方　坤　贾斌斌　曾　勇
出 版 人　宛　霞
责任编辑　乌　兰
幅面尺寸　185 mm×260mm
开　　本　16
字　　数　243 千字
印　　张　10.75
版　　次　2024 年 7 月第 1 版
印　　次　2024 年 7 月第 1 次印刷

出　　版　吉林科学技术出版社
发　　行　吉林科学技术出版社
地　　址　长春市净月区福祉大路 5788 号
邮　　编　130118
发行部电话/传真　0431-81629529　81629530　81629531
81629532　81629533　81629534
储运部电话　0431-86059116
编辑部电话　0431-81629518
印　　刷　北京四海锦诚印刷技术有限公司

书　　号　ISBN 978-7-5744-0518-9
定　　价　65.00 元

前 言

林业是生态环境的主体，对经济的发展、生态的建设以及推动社会进步具有重要的作用和意义。随着我国政策的不断发展和改革，以及全球经济一体化的发展，生态经济的发展逐渐成为现代化建设的重要标志，面对这种机遇和挑战，林业工作肩负了更加重大的使命：一是实现科学发展，必须把发展林业作为重大举措；二是建设生态文明，必须把发展林业作为重要途径；三是应对气候变化，必须把发展林业作为战略选择。因此，全面推进现代林业发展进程，加快生态文明建设，是当今时代赋予我们的责任。

近几十年来，我国林业经历了以木材生产为主的阶段之后，又实现了向以生态建设为主的转变。如今，随着对森林认识的深化，又正在实践着将森林建设成完备的生态体系、发达的林业产业体系和先进的森林文化体系的综合功能体。这就将我国的林业推进到了建设现代林业的新阶段。以现代林业理论为指导，必然会引起传统林业生产中各个环节的深刻变化，这就要求林业管理人员和林业科技人员不仅要全面地掌握林业科学的各种基础知识，还要清楚地了解林业理论和生产发展之间的各种联系，这样才能更好地为现代林业服务。

本书是林业生态方向的著作，主要研究现代林业生态工程建设，本书从林业生态工程概述入手，针对现代林业的发展与实践、现代林业的生态建设进行了分析研究；另外对人工林培育基础知识、人工造林技术、现代林业生态工程建设技术做了一定的介绍；还对森林生态系统可持续经营与保护提出了一些建议。旨在摸索出一条适合现代林业生态工程建设工作的科学道路，帮助其工作者在应用中少走弯路，运用科学方法，提高效率。

另外，作者在撰写本书时参考了国内外同行的许多著作和文献，在此一并向涉及的作者表示衷心的感谢。由于作者水平有限，书中难免存在不足之处，恳请读者批评指正。

目　录

第一章　林业生态工程概述 …………………………………………………… 1

第一节　林业生态工程基础知识 …………………………………………… 1

第二节　林业生态工程基本理论 …………………………………………… 6

第二章　现代林业的发展与实践 …………………………………………… 18

第一节　气候变化与现代林业 ……………………………………………… 18

第二节　荒漠化防治与现代林业 …………………………………………… 25

第三节　森林及湿地生物多样性保护 ……………………………………… 30

第四节　现代林业的生物资源与利用 ……………………………………… 36

第五节　森林文化体系建设 ………………………………………………… 42

第三章　现代林业的生态建设 ……………………………………………… 46

第一节　现代林业的生态环境建设发展战略 ……………………………… 46

第二节　现代林业生态建设的关键技术 …………………………………… 54

第三节　现代林业生态工程建设与管理 …………………………………… 60

第四章　人工林培育基础知识 ……………………………………………… 70

第一节　立地类型划分及适地适树 ………………………………………… 70

第二节　人工林发育阶段 …………………………………………………… 72

第三节　树种选择与人工林组成 …………………………………………… 77

第五章　人工造林技术 ……………………………………………………… 92

第一节　造林密度与配置 …………………………………………………… 92

第二节　造林整地 …………………………………………………………… 97

第三节　造林方法 …………………………………………………………… 101

第四节　幼林抚育管理 ……………………………………………………… 110

第六章　现代林业生态工程建设技术 122

第一节　水源涵养林业生态工程 122

第二节　山丘区林业生态工程 126

第七章　森林生态系统可持续经营与保护 142

第一节　森林生态系统可持续经营 142

第二节　森林保护 149

参考文献 164

第一章　林业生态工程概述

第一节　林业生态工程基础知识

森林是以木本植物为主体的生物群体及其环境的综合整体。森林生态系统是地球上最大最发达的生态系统之一，在整个生物圈的物质和能量交换过程以及保持和调节自然界的生态平衡中，占有极其重要的位置，具有涵养水源、保持水土、防风固沙、改善区域环境和农业生产条件等多种功能。但是，由于种种复杂的原因，森林毁坏，覆盖率减少，使我国的生态环境日趋恶化，自然灾害频繁、水土流失加剧、荒漠化面积扩大、水资源紧缺、生物多样性减少等生态环境问题突出。同时，森林与全球变暖、城市温室效应及工矿区环境保护等的关系问题，在我国也越来越引起关注。因此，水土保持林业措施是防治水土流失、改善生态环境的根本性措施。考虑到水土保持林业措施与其他林业工程的协调统一，共同形成系统的森林防护体系，结合林业生态工程实施水土保持林业措施更具有系统性和全局观，也充分反映了山丘区水土保持林体系与林业生态工程的协调统一。

一、林业生态工程的概念

林业生态工程是生态工程的一个分支，要理解它，首先必须理解生态工程的概念。

（一）生态工程的基本概念

20世纪60年代生态学家提出了生态工程的概念，定义为：为了控制系统，人类应用主要来自自然的能源作为辅助能对环境的控制，对自然的管理就是生态工程，更好的措辞是与自然结成伙伴关系。20世纪80年代初期欧洲生态学家提出了“生态工艺技术”，将它作为生态工程的同义语，并定义为：在环境管理方面，根据对生态学的深入了解，花最小代价，对环境的损坏又是最小的一些技术。生态工程定义为：为了人类社会及其自然环境二者的利益而对人类社会及其自然环境进行的设计。20世纪90年代又修改为：为了人类社会及其自然环境的利益，而对人类社会及其自然环境加以综合的而且能持续的生态系统设计。它包括开发、设计、建立和维持新的生态系统，以期达到诸如污水处理（水质改善）、地面矿渣及废弃物的回收、海岸带保护等。同时还包括生态恢复、生态更新、生物控制等目的。随着生态工程研究的深入发展，近年来，各国先后出版了有关生态工程的专著，目前，生态工程已经成为一个国际上极其活跃的新研究领域之一。

生态工程在我国的正式提出开始于20世纪70年代末期。面对我国生态环境和社会经济发展过程中存在的严重局势和潜在的威胁，生态学家及时提出了以“整体、协调、循环、再生”为核心的生态工程基本概念，又进一步将生态工程定义为：“生态工程是应用生态系统中物种共生与物质循环再生原理，结合系统工程最优化方法，设计的分层多级利用物质的工艺系统。生态工程的目标就是在促进自然界良性循环的前提下，充分发挥物质的生产潜力，防止环境污染，达到经济效益和生态效益同步发展。”生态工程是一门着眼于生态系统持续发展能力的整合工程技术。它根据生态控制论原理系统去设计、规划和调控人工生态系统的结构要素、工艺流程、信息反馈关系及控制机构，在系统范围内获取更高的经济和生态效益。不同于传统末端治理的环境工程技术和单一部门内污染物最小化的清洁生产技术，生态工程强调资源的综合利用、技术的系统组合、科学的边缘交叉和产业的横向结合，是中国传统文化与西方现代技术有机结合的产物。可见生态工程中的生态是指生态系统，不是指生态环境（实际上生态系统包含了生态环境）。生态工程可简单地概括为生态系统的人工设计、施工和运行管理。它着眼于生态系统的整体功能与效率，而不是单一因子和单一功能的解决；强调的是资源与环境的有效开发以及外部条件的充分利用，而不是对外部高强度投入的依赖。这是因为生态工程包含着有生命的有机体，它具有自我繁殖、自我更新、自主选择有利于自己发育的环境的能力，这也是区别于一般工程（如土木工程、水利工程等）的实质所在。

早在几千年前，中华民族就已形成了一套鲜为人知的“观乎天文以察时变，观乎人文以成天下”的人类生态理论体系，包括道理（即自然规律，如天文、地理、水文、气象等）、事理（即对人类活动的合理规划管理，如中医、农事、军事、家事等）和情理（即社会行为的准则，如伦理、道德、法律等），中国社会正是靠着对这些天、地、人三者关系的整体认识，靠着物质循环再生、社会协调共生和修身养性自我调节的生态观，维持着其几千年稳定的社会结构，形成了独特的生态工程技术。20世纪90年代以来，在生态学家的倡导下，我国城乡生态工程建设蓬勃发展，农业、林业、渔业、牧业及工业生态工程模式如雨后春笋涌现，取得了显著的社会、经济和环境效益，得到了各级政府的广泛支持和群众的积极参与，获得了国际学术界的好评。生态工程作为一门学科正在形成，并被人们普遍接受。

综合生态学家的阐述，生态工程比较概括的定义为：应用生态学、经济学的有关理论和系统论的方法，以生态环境保护与社会经济协同发展为目的（可持续发展），对人工生态系统、人类社会生态环境和资源进行保护、改造、治理、调控、建设的综合工艺技术体系或综合工艺过程。

生态工程包括农业生态工程、林业生态工程、草业生态工程、工矿生态工程、恢复生态工程、城镇生态工程等。生态工程的实施首先要具备理论基础，其次是技术的应用。从理论上讲，生态工程主要包括3个方面的技术。一是在不同结构的生态系统中，能量与物质的多级利用与转化。包括：①自然资源如光、热、水、肥、土、气等的多层次利用技术，林业生态工程中所谓的乔、灌、草结合就属于这一类。②生物产品的多极利用技术是指人类通过设计和建造优质、稳定的生态系统，使非经济生物产品（如枯枝落叶、草类、动物排泄物，通过各种途径返回自然界）通过人工选择的营养级生物种群，转化为经济生物产品（如木材、粮食、肉类，可为人类直接利用）的技术。如“桑基鱼塘”就是这种技术的体现。二是资源再生技术，就是通常所谓的“变害为利”技术，即把人类生活与生产活动中产生的有害废物，如污水、废气、垃圾、养殖场的排泄物等污染环境的物质，通过生态工程技术，转化为人类可利用的资源。三是自然生态系统中生物种群之间共生、互生与抗生关系的利用技术，即利用这些关系达到维持优化人工生态系统的目的。

（二）林业生态工程的基本概念

关于林业生态工程的概念，目前有多种解释。根据我国的林业生产实践和生态工程的概念提出的初步概念是：“林业生态工程是生态工程的一个分支，是根据生态学、林学及生态控制论原理，设计、建造与调控以木本植物为主的人工复合生态系统的工程技术，其目的在于保护、改善与持续利用自然资源与环境。”并指出，它与传统森林培育和经营技术有4个明显的区别：①传统上森林培育和经营是以林地为对象，在宜林地上造林，在有林地上经营。而林业生态工程的目的是在某一区域（或流域）内，设计、建造与调控人工的或天然的森林生态系统，特别是人工复合生态系统，如农林复合生态系统、林牧复合生态系统。②传统森林培育与经营，在设计、建造与调控森林生态系统过程中，主要关心木本植物与环境的关系、木本植物的种间和种内关系以及林分的结构功能、物质流与能量流。而林业生态工程主要关心整个区域人工复合生态系统中物种共生关系与物质循环再生过程，以及整个人工复合生态系统的结构、功能、物质流与能量流。③传统森林培育和经营的主要目的在于提高林地的生产率，实现森林资源的可持续利用和经营，而林业生态工程的目的在于提高整个人工复合生态系统的经济效益与生态效益，实现生态系统的可持续经营。④传统森林培育和经营在设计、建造与调控森林生态系统过程中只考虑在林地上采用综合技术措施，而林业生态工程需要考虑在复合生态系统中的各类土地上采用综合措施，也就是通常所说的山水田林路综合治理。

综合上述分析，可以概括更加符合生态工程概念的林业生态工程概念：根据生态学、生态经济学、系统科学与生态工程原理，针对自然资源环境特征和社会经济发展现状，以木本植物为主体，并将相应的植物、动物、微生物等生物种群人工匹配结合而形成的稳定而高效的人工复合生态系统的过程。也包括对现有不良的天然或人工森林生态系统和复合生态系统的改造及调控措施的规划设计。

二、林业生态工程的基本内容

林业生态工程目标是通过人工设计，在一个区域或流域内建造以木本植物群落为主体的优质、高效、稳定的多种生态系统的复合体，形成区域复合生态系统，以达到自然资源的可持续利用及环境的保护和改良。其内容主要包括4个方面：

（一）区域总体规划

区域复合生态工程总体规划就是在平面上对一个区域的自然环境、经济、社会和技术因素进行综合分析，在现有生态系统的基础上，合理规划布局区域内的天然林和天然次生林、人工林、农林复合、农牧复合、城乡及工矿绿化等多个不同结构的生态系统，使它们在平面上形成合理的镶嵌配置，构筑以森林为主体的或森林参与的区域复合生态系统的框架，相当于我们说的林业生态工程体系（在防护林学中称为防护林体系和带、网、片结合的问题）。

（二）时空结构设计

对于每一个生态系统来说，系统设计最重要的内容是时空结构设计。在空间上就是立体结构设计，是通过组成生态系统的物种与环境、物种与物种、物种内部关系的分析，在立体上构筑群落内物种间共生互利、充分利用环境资源的稳定高效的生态系统，通俗地说就是乔灌草结合、林农牧结合；在时间上，就是利用生态系统内物种生长发育的时间差别，合理安排生态系统的物种构成，使之在时间上充分利用环境资源。

（三）食物链结构设计

利用食物链原理，设计低耗高效生态系统，使森林生态系统的产品得到再转化和再利用，是林业生态工程的高技术设计，也是系统内部植物、动物、微生物及环境间科学的系统优化组合。如桑基鱼塘、病虫害生物控制等。

（四）特殊生态工程设计

所谓特殊生态工程，是指建立在特殊环境条件基础上的林业生态工程，主要包括工矿区林业生态工程、城市（镇）林业生态工程、严重退化的劣地生态工程（如盐渍地、流动沙地、崩岗地、裸岩裸土地、陡峭边坡等）。由于环境的特殊性，必须采取特殊的工艺设计和施工技术才能完成。

三、林业生态工程的类型与体系

林业生态工程类型至今尚无统一的划分方法。要进行林业生态工程类型的划分，必须首先了解生态系统的分类及我国关于森林和林种的划分，然后才能正确划分林业生态工程的类型。

（一）林种与林种划分

根据森林起源可将森林分为天然林和人工林。所谓天然林是指天然下种或萌芽而长成的森林，而人工林是用人工种植的方法营造的森林。森林（包括天然林和人工林）按其不同的效益可划分为不同的种类，简称林种。对于人工林来说，不同林种反映不同的森林培育目的；对于天然林来说，不同林种反映不同的经营管理性质。

根据《中华人民共和国森林法》，林种有五大类，即：

1.防护林

以防护为主要目的的森林、林木和灌木丛，包括水源涵养林、水土保持林、防风固沙林、农田、牧场、防护林、护岸林、护路林。

2.用材林

以生产木材为主要目的的森林和林木，包括以生产竹材为主要目的的竹林。

3.经济林

以生产果品、食用油料、饮料、调料、工业原料和药材等为主要目的的林木。

4.薪炭林

以生产燃料为主要目的的林木。

5.特种用途林

以国防、环境保护、科学实验等为主要目的的森林和林木，包括国防林、实验林、母树林、环境保护林、风景林、名胜古迹和革命纪念地的林木、自然保护区的森林。

林种划分只是相对的，实际上每一个树种都起着多种作用。如防护林也能生产木材，而用材林也有防护作用，这2个林种同时也可以供人们游憩。但毕竟大多数情况，每片森林都有一个主要作用，在培育人工林和经营天然林时必须区别对待。

（二）林业生态工程体系

林业生态工程是在不同的地理区域人工设计、改造、构建的以木本植物为主体的森林生态系统和复合生态系统，由于地理区域的差异性，不同区域的林业生态工程在生态安全中扮演不同的角色，所承担的生态功能具有较大差异。其划分应符合生态系统类型划分及林种划分基本原则，并满足生态建设的实际要求。根据在不同地理区域所承担的生态功能，将林业生态工程分为江河上中游水源涵养林业生态工程体系、山丘区林业生态工程体系、风沙区草原区防风固沙林业生态工程体系、生态经济型林业生态工程和环境改良型林业生态工程等几大类型，每一类型又分为不同的亚类。

我国幅员辽阔，不同的区域气候、地貌、植被、经济、社会等条件有很大的差别，无法用一个统一的定式来描述全国的林业生态工程体系。尤其是南方地区分布着特殊的水土流失类型，尽管其分布范围较小，但水土流失形式特殊，形成的危害严重，造成的损失巨大。根据南方地区地貌类型、气候、植被类型、存在的主要生态环境问题及区域经济发展水平，分为江河上中游水源涵养林业生态工程体系、山丘区林业生态工程体系和南方典型区域林业生态工程体系3大类型。

第二节　林业生态工程基本理论

一、生态学基本原理

生态学家提出的生态工程概念将生态学原理与经济建设和生产实践结合起来，实现生物有机体在有人工辅助能量、物质参与下和现代工程技术的系统结合配套技术。由此可见，设计建设生态工程及应用生态工程的一些技术必须遵循生态学的一些基本原理。

1.生态学原理

生态学是生态学研究中广泛使用的名称，又称生态龛或小生境，通常是指生物种群所占据的基本生活单位。对于生物个体与其种群来说，生态位是指其生存所必需的或可被其利用的各种生态因子或关系的集合。每一种生物在多维的生态空间中都有其理想的生态位，而每一种环境因素都给生物提供了现实的生态位。这种理想生态位与现实生态位之差一方面迫使生物去寻求、占领和竞争良好的生态位；另一方面也迫使生物不断地适应环境，调节自己的理想生态位，并通过自然选择，实现生物与环境的世代平衡。在现实的生态系统中，由于其是人工或半人工的生态系统，人为的干扰控制使其物种呈单一性，从而产生了较多的空白生态位。因此，在生态工程设计及技术应用中，如能合理运用生态位原理，把适宜而有经济价值的物种引入系统中，填充空白的生态位而阻止一些有害的杂草、病虫、有害鸟兽的侵袭，就可以形成一个具有多样化的物种及种群稳定的生态系统。充分利用高层次空间生态位，使有限的光、气、热、水、肥资源得到合理利用，最大限度地减少资源的浪费。增加生物量与产量，如稻田养鱼就是把鱼引入稻田中，鱼可以吃掉水稻生长发育过程中所发生的一些害虫，为稻田施肥，而水稻则为鱼类生长提供一定的饵料，从而取得互惠互利的效果。又如，低质量林分的改造，就是要引入优良树种利用林分中空

白生态位，并且通过改良土壤和小气候环境不断扩大林分的生态位，有利于林分的正向演替。

2.限制因子原理

生物的生长发育离不开环境，并适应环境的变化，但生态环境中的生态因子如果超过生物的适应范围，对生物就有一定的限制作用。只有当生物与其居住环境条件高度适应时，生物才能最大限度地利用环境方面的优越条件，并表现出最大的增产潜力。

（1）最小因子定律

即植物的生长取决于数量最不足的那一种物质。这一定律说明，某一数量最不足的营养元素，由于不能满足生物生长的需要，同时也将限制其他处于良好状态的因子发挥效应，生态系统因为人为的作用也会促使限制因子的转化，但无论怎么转化，最小因子仍然是起作用的。

（2）耐性定律

在最小因子定律的基础上，人们发现不仅因为某些因子在量上不足时生物的生长发育会受到限制，某些因子过多也会影响生物的正常生长发育和繁殖。把生态因子的最大量和最小量对生物的限制作用概念合并为耐性定律，即各种生物的生长发育过程中对各种生态因子都存在着一个生物学“的耐受性”。它们之间的幅度就是该种生物对某一生态因子的耐性范围。因此，在生态工程建设与生态工程技术应用时，必须考虑生态因子的限制作用原理。

（3）食物链原理

在自然生态系统中，由生产者、消费者、分解者所构成的食物链，从生态学原理看，它是一条能量转化链、物质传递链，也是一条价值增值链。绿色植物被食草动物所食，草食动物被肉食动物吃掉，植物和动物残体又可为小动物和低等动物分解，以这种吃与被吃而形成了食物链关系。但是食物链并非单一的简单的一种关系，如“水稻—蝗虫—鸟类”这样，而是形成了一种复杂的食物链网。我们知道，太阳光能是地球上一切能量的来源，日光能被固定形成化学潜能，并沿着食物链的各个营养级传递，由于能量在转化过程中不可避免地消耗与损失，没有任何能量能够100%地有效转化为下一营养级的生物潜能。著名的十分之一定律说明，能量从一个营养级向下一个营养级转化的比率只有1/10，因此，在自然界的食物链很少有长达4个营养级之上。但在人工生态系统与生态工程中，这条食物链往往进一步缩减了，缩减了的食物链不利于能量的有效转化和物质的有效利用，同时还降低生态系统的稳定性，加重环境污染。因此，根据生态系统的食物链原理，在生态系统与生态工程的设计建设中，可以将各营养级因食物选择而废弃的生物物质和作为粪便排泄的生物物质，通过加环与相应的生物载体进行转化，延长食物链的长度，并提高生物能的利用率。如在经济林中养殖土鸡和鸡粪喂猪、猪粪制造沼气、沼渣肥田、稻田养鱼、鱼吃害虫，保障水稻丰产，从而形成了一种以人为中心的网络状食物链的种养方式，其资源利用效率与经济效益要比单一种养方式大得多。

（4）整体效应原理

系统是由相互作用和相互联系的若干组成部分结合而成的具有特定功能的整体，其基本的特性就是集合性，表现在系统各组分间相互联系、依赖、作用、制约的不可分割的整体，整体的作用和效应要比各部门之和来得大。由于生态工程是个涉及生物、环境、资源以及社会经济要素构成的“社会–经济–自然”的复合系统，因此，生态工程的建设要达到能流的转化率高、物流循环规模大、信息流畅、价值流增加显著即整体效应最好，这就需要合理调配组装协调系统的各个组分，使整个系统的总体生产力提高。整体效应的取得要取决于系统的结构，结构决定功能。生态工程强调在不同层次上，根据自然资源、社会经济条件按比例有机组装和调节，以整体协调优化求高产、高效、持续发展。

（5）生物与环境相互适应、协同进化原理

生物的生存、繁衍不断从环境中摄取能量、物质和信息，生物的生长发育依赖于环境，并受环境的强烈影响。外界环境中影响生物生命活动的各种能量、物质和信息因素称为生态因子，生态因子既有生物和生命活动所需的利导因子，也有限制生物生存和生命活动的限制因子。利导因子促进生物的生长发育，而限制因子则制约生物生长与生产的发展，因而在当地的生态工程建设中必须充分分析当地利导因子及限制因子的数量和质量，以选择适宜的物种和模式。

生态系统作为生物与环境的统一体，既要求生物要适应其生存环境，又同时伴有生物对生存环境的改造作用，这就是所谓的协同进化原理。协同进化原理认为生物与环境应看作相互依存的整体，生物不只是被动地受环境作用和限制，而是在生物生命活动过程中通过排泄物、死体等释放能量、物质于环境，使环境得到物质补偿，保证生物的延续。封山育林，植树种草，退耕还林，合理间、套、轮作都是为了改善生态环境，同时在对可更新资源（再生资源）利用中做到保护其可更新能力，确保资源再生和循环利用，达到永续利用，充分保护环境，提高资源利用率。

（6）效益协调统一原理

生态工程系统是一个社会-经济-自然复合生态系统，是自然再生产和经济再生产交织的复合生产过程，具有多种功能与效益，既有自然的生态效益，又有社会的经济效益，只有生态与经济效益相互协调，才能发挥系统的整体综合效益。

生态工程的设计、建设与应用都是以最终追求综合效益为目标的。在其建设与调控中，将经济与生态工程建设有机交织地进行，如农业开发与生态环境建设结合，资源利用与增殖结合，乡镇农业开发与环保防污建设结合等，就是将所追求的生态效益、经济效益和社会效益融为一体。

二、系统可持续发展理论

林业生态工程建设的重点区域是生态脆弱、水土流失严重的山区丘陵区，其目标是人工构建森林生态系统，但必须与农业生态系统有机结合，形成整体性的复合农林生态系统，体现出其生态效益、社会效益和经济效益。这说明林业生态工程建设面对的环境条件具有很大的制约性，因而必须对限制因子实现创新，克服工程建设中的限制因子，才有利于工程不断实现综合效益。这就要求林业生态工程必须遵循系统可持续发展规律。

（一）系统发展的概念

系统的生存和发展是与特定的条件相对应的。系统发展条件集合包括了与系统的生存和发展有关的一切内部因素和外部因素，即系统的组成单元、系统的结构、系统的输入、系统的环境等。系统发展是系统发展条件改善的结果。系统发展定义为系统发展指标y的增大，即$dy>0$；系统发展条件改善定义为发展条件的量化指标x的增大，即$dx>0$。生态工程能否成功建设，就是要准确把握生态系统发展的条件集合，通过条件的改善，促进生态系统的发育。

（二）系统发展的表现形态

1. Logistic曲线的结构

一般来说，系统发展表现为Logistic增长过程。可以用生物生长的例子说明这一曲线的意义：y是生物的生长量，x是限制因子。在初期，生长速度dy/dx与其限制因子x的输入量成正比。这个因子的供应达到一定水平之后就不再起限制作用。上升的曲线很快就转向水平方向，于是又有一个新的因子起限制作用。当新的限制因子x的投入增加时，曲线才开始再次爬高。

利用Logistic曲线二阶导数和三阶导数为零的3个点O、A、B，可将Logistic曲线划分为4个阶段，分别称为突破阶段、扩张阶段、成熟阶段和稳定阶段。这4个阶段构成一个完整的Logistic增长过程。

2. 组合Logistic曲线

由Logistic曲线的性质可知，当$y\to K$时，$dy/dx\to 0$，即$dy\to 0$。系统持续发展要求$dy>0$，更确切地说是大于某个不为零的正数。因此，为了满足持续发展的要求，系统必然进入下一轮Logistic增长过程，依次相循，就生成了组合Logistic曲线。在林业生态工程建设中同样如此，任何一个影响森林生态系统发展的限制因子其作用是有限度的，当该因子的作用发挥至极限时，它的改善将不再起作用，甚至会起到相反的作用，反而不利于森林生态系统的稳定和发展。要使森林生态系统得到持续发展，其他条件可能成为限制因子，必须同时改善这些因子，才能达到持续发展的目的。例如水是一个非常敏感的环境因子，缺水时，它就是限制因子，但长时间水分过剩，则不利于树木生长，甚至出现涝灾而死亡。

（三）系统演化模式

系统演化的模式大致有4种：持续发展、停滞、循环、灭亡。系统能否实现持续发展，决定于限制因子的转换与创新。

第一，要有创新意识，识别限制因子。发现或确认限制因子是实现持续发展的关键，突破它对系统发展的限制，系统可进入下一个Logistic增长过程，系统就实现了持续发展。

第二，要有创新思维，积极改善系统发展条件（限制因子）。系统发展条件存在于系统当时的选择空间、创新过程的周期、创新成本、创新成本与收益在系统内部的分配，以及系统的决策结构等全过程。创新过程就是对系统发展条件的改善，创新能否成功取决于对系统发展条件的改善程度。

第三，要有系统思想，保持系统发展的连续性。对于一个高度复杂的系统来说，在其发展过程中表现最强烈的属性之一就是发展的连续性。除非有强大的外来势力，否则这种连续就不会中断。连续性并不意味着没有变化、没有发展，而是说在发展中系统总有许多稳定的成分和属性得到保持。就演化而言，可以分为两大类：泛化与特化。泛化是系统在演化的过程中不断扩大自己的发展条件集合，增加各发展条件之间的相互替代性，减少对某一发展条件依赖性的过程。特化是系统演化过程中不断缩小自己的发展条件集合，增加对某些发展条件的依赖性，以至离开这些发展条件或这些发展条件的恶化会导致系统的灭亡的过程。

在演化中采取泛化策略的系统，其演化的选择空间在演化过程中是扩张的；在演化中采取特化策略的系统，其演化选择空间在演化过程中是收敛的。对于特化系统而言，昔日的成功意味着今天的困境，祖先的光荣成为后代的枷锁，没落就寓于繁荣之中，因为没有一成不变的环境。

第四，要有忧患意识，核算创新成本，包括时间成本、资源成本、机会成本等。创新是一个过程，确认与克服限制因子也需要时间，如果转换所需的最短时间大于系统能够等待的最长时间，那么新的Logistic增长就不会发生。等待系统的命运是灭亡。

创新是要付出代价的。一方面，创新要占用系统可支配的有限的资源；另一方面要付出机会成本，即占用的资源用于原有方式时的收益。如果创新代价是一个处于分叉点H的系统所无力支付的，那么等待它的就可能是在停滞、循环和灭亡三者之中任选其一了。

这里所指的系统是其生存与发展主要由人类支配的系统，因此，创新成本与收益在系

统内的人之间如何分配是至关重要的，它直接影响到是否创新这一重大决策问题的答案。实际上，观照今日中国改革过程中出现的进退反复和各阶段、各集团的人们的态度，这一切就一目了然了。

创新就意味着放弃，对于既得利益者而言，最优的当前选择是放弃创新，而不是放弃既得利益。所以在时代转换中，上层阶级也在转换。正如领导世界文明的民族也在轮换一样。

第五，要有敏锐的发展观，使创新具有前瞻性。系统演化的前途不仅取决于进入稳定阶段（指Logistic曲线第四阶段）所采取的处理方式，还取决于进入稳定阶段前的选择。前者往往表现为被动的、短期的、超常规的，甚至革命性的危机处理，选择时空相对狭小；而后者是一种主动的、择优的、具有远见的解决思路，风险性小。由于发展过程不断受到不同时间尺度的限制因子的制约，因此，建立一种具有预警、消除、转换、恢复和替代功能的创新机制尤为重要。

从系统可持续发展理论可以看到，要使林业生态工程建设实现可持续发展要做到三方面：首先，要正确判别影响因子集合，并确定限制因子，才能确定人工构建森林生态系统的模式、群落结构和种群结构；其次，要深入研究限制因子出现的条件，正确应用森林培育的技术体系，实现限制因子的克服和转换等创新过程；最后，要准确把握创新的时机，在限制因子影响森林生态系统发育之前使其得到改善。

三、景观生态学原理

林业生态工程建设是人工构建森林生态系统，由于山区丘陵区地形、小气候、土壤等环境条件的异质性，同一地区的林业生态工程必须结合环境因素构建多样性的森林生态系统，景观生态学原理的应用至关重要。

景观是由不同土地单元镶嵌组成的具有明显的视觉特征的地理实体。景观生态学是研究人与其影响的景观之间关系的学科。景观生态学作为一门正在发展中的综合性交叉学科，其理论的直接源泉是生态学与地理学，同时从现代科学的诸多相关理论中也汲取了丰富的营养。景观生态学的理论基础为开放系统的自然等级有序理论，以及综合性和组织性理论。它的自然生态系统与人类系统之间生物控制共生理论是以控制论为基础的。因果反馈耦合关系的建立不仅与系统论、控制论有关，还涉及信息论的有关问题。景观生态学的自组织理论及稳定性概念又与耗散结构理论相关。

景观包括基底、斑块和廊道三大要素。景观生态学的核心概念可总结为：景观系统整体性和景观要素异质性、景观研究的尺度性、景观结构的镶嵌性、生态流的空间聚集与扩散、景观的自然性与文化性、景观演化的不可逆性与人类主导性，及景观价值的多重性。

（一）景观系统整体性和景观要素异质性

景观是由景观要素有机联系组成的复杂系统，含有等级结构，具有独立的功能特性和明显的视觉特征，是具有明确边界、可辨识的地理实体。景观具有地表可见景象的综合与某个限定性区域的双重含义。景观分类系统将景观分为开放景观（包括自然景观、半自然景观、半农业景观和农业景观）、建筑景观（包括乡村景观、城郊景观、城市工业景观）和文化景观。一个健康的景观生态系统具有功能上的整体性和连续性。从系统的整体性出发来研究景观的结构、功能与变化，将分析与综合、归纳与演绎互相补充，可深化研究内容使结论更具逻辑性和精确性。通过结构分析、功能评价、过程监测与动态预测等方法采取形式化语言、图解模式和数学模式等表达方式，以得出景观系统综合模式的最好表达。

景观系统同其他非线性系统一样，是一个开放的远离平衡态的系统，也具有自组织性、自相似性、随机性和有序性等特征。自组织可通过对称分离的不稳定性来实现，景观斑块产生于自组织，特别体现在由人类生态信息反馈作用调控下的土地利用动态变化过程中。

异质性是系统或系统属性的变异程度，在景观尺度上空间异质性包括空间组成、空间构型和空间相关3个部分的内容。景观由异质要素组成景观异质性一直是景观生态研究的基本问题之一。因为异质性决定干扰能力、恢复能力。

系统稳定性和生物多样性有密切关系，景观异质性程度高有利于物种共生而不利于稀有内部物种的生存。景观格局是景观异质性的具体表现，可运用负熵和信息论方法进行测度。景观异质性可理解为景观要素分布的不确定性，其出现频率通常可用正态分布曲线来描述。景观总体结构的异质性也可以通过穿越景观的一条或多条剖面线的景观异质性特征（组合形式的平均信息量）来描述。此外，利用滑箱多尺度面状采样法也是一种很好的方法。通过对外界输入能量的调控，可改变景观的格局使之更适宜人类的生存。

（二）景观研究的尺度性

尺度是研究客体或过程的空间维和时间维，可用分辨率与范围来描述，它标志着对所研究对象细节了解的水平。在生态学研究中，空间尺度是指所研究生态系统的面积大小或最小信息单元的空间分辨率水平，而时间尺度是其动态变化的时间间隔。景观生态学的研究基本上对应着中尺度范围，即从几平方公里到几百平方公里，从几年到几百年。大尺度主要反映大气候分异；中尺度主要反映地表结构分异；小尺度主要反映土壤、植物和小气候分异。

格局与过程的时空尺度化是当代景观生态学研究的热点之一。尺度分析和尺度效应对于景观生态学研究有着特别重要的意义。尺度分析一般是将小尺度上的斑块格局经过重新组合而在较大尺度上形成空间格局的过程。此过程伴随着斑块形状由不规则趋向规则以及景观类型的减少。尺度效应表现为：随尺度的增大，景观出现不同类型的最小斑块，最小斑块面积逐步增大，而景观多样性指数随尺度的增大而减小。通过建立景观模型和应用GIS技术，可以根据选择最佳尺度以及把细尺度的研究结果转换为粗尺度或者相反。由于在景观尺度上进行控制性实验往往代价高昂，因此人们越来越重视尺度转换技术，然而尺度外推却是景观生态研究中的一个难点，它涉及如何穿越不同尺度生态约束体系的限制。不同时空尺度的聚合会产生不同的估计偏差：信息总是随着粒度或幅度的变化而丧失，信息损失的速率与空间格局有关，而映射则来自从尺度变化中获得的信息。

时空尺度的对应性、协调性和规律性是重要特征，通常研究的地区愈大，相关的时间尺度就愈长。生态平衡即自然界在动荡中表现出的与尺度有关的协调性生态系统仍可保持大尺度的生态稳定性。

尺度性与持续性有着重要的联系，细尺度生态过程可能会导致个别生态系统出现激烈波动，而粗尺度的自然调节过程可提供较大的稳定性。在较高尺度上，混沌可提高景观生态系统的持续性而避免异质种群的灭绝。大尺度空间过程包括土地利用和土地覆盖变化、生境破碎化、引入种的散布、区域性气候波动和流域水文变化等。在更大尺度的区域中，景观是互不重复、对比性强、粗粒格局的基本结构单元。景观和区域都在人类尺度上，即在人类可辨识的尺度上来分析景观结构，把生态功能置于人类可感受的范围内进行表述，这尤其有利于了解景观建设和管理对生态过程的影响。在时间尺度上人类世代即几十年的尺度是景观生态学关注的焦点。

（三）景观结构的镶嵌性

自然界普遍存在着镶嵌性，即一个系统的组分在空间结构上互相拼接而构成整体。景观和区域的空间异质性有2种表现形式，即梯度与镶嵌。镶嵌的特征是对象被聚集形成清楚的边界，连续空间发生中断和突变。土地镶嵌性是景观和区域生态学的基本特征。斑块–廊道–基质模型即是对此的一种理论表述。

景观斑块是地理、气候、生物和人文因子构成的有机集合体，具有特定的结构形态，表现为物质、能量或信息的输入与输出单位。斑块的大小、形状不同，有规则和不规则之分；廊道曲直、宽窄不同，连接度也有高有低；而基质更显多样，从连续状到孔隙状，从聚集态到分散态，构成了镶嵌变化、丰富多彩的景观格局。

景观结构即斑块–廊道–基质的组合或空间格局，是景观功能流的主要决定因素，而这些景观形态结构又是功能流所产生。结构和功能、格局与过程之间的联系与反馈是景观生态学的基本命题。

景观镶嵌的测定包括多样性、边缘、中心斑块和斑块总体格局测定等方面，有多样性、优势度、相对均匀度、边缘数、分维数、斑块隔离度、易达性、斑块分散度、蔓延度等指标。此外，网络理论、中心位置理论、渗透理论（随机空间模型）等也被用于景观空间结构的研究。

作为镶嵌体的景观按其所含的斑块粒度用斑块平均直径量度，可区分为粗粒和细粒景观。比如森林景观的粒级结构主要决定于更新单元（林冠空隙）的大小与采伐方式的差异，农田景观的粒级结构则取决于土地利用方式（旱田、水田和菜地）的不同和管理的精细程度。单纯的粗粒或细粒景观都是单调的，只有含细粒部分的粗粒景观最有利于大型斑块生态效应的获得，为包括人类在内的多生境物种提供了较广的环境资源和条件。由于景观结构的镶嵌性，其中若干空间要素（街道、障碍和高异质性区域）的组合决定了物种、能量、物质和干扰在景观中的流动或运动，表现为景观的抗性作用。

（四）生态流的空间聚集与扩散

生物物种与营养物质和其他物质、能量在各个空间组分间的流动被称为生态流。而它们是景观中生态过程的具体体现，受景观格局的影响，这些流分别表现为聚集与扩散，属于跨生态系统间的流动，以水平流为主。它需要通过克服空间阻力来实现对景观的覆盖与控制。物质运动过程同时总是伴随着一系列能量转化过程，斑块间的物质流可视为在不同能级上的有序运动，斑块的能级特征由其空间位置、物质组成、生物因素以及其他环境参数所决定。如我国东部丘陵地区的农业景观中由于灌溉目的形成了渠、堤相连的多水塘系统，这种景观格局对于非点源污染起到了一种控制作用。在重力作用下，雨后的地表径流和农田排水经过不同斑块裹挟、沉积或释放物质而形成了非点源污染物的再分布。景观空间要素间物种的扩散与聚集，矿质养分的再分配速率通常与干扰强度成正比，如小流域的水土流失与不合理的土地利用方式呈正相关。穿越边缘的能量与生物流随异质性的增大而增强。无任何干扰时，景观水平结构趋于均质化，而垂直结构的分异更加明显，这在森林生态系统的演化中不乏例证。

景观中的能量、养分和物种，都可以从一种景观要素迁移至另一种景观要素，这些运动或流动取决于5种主要媒介物或传输机制：风、水、飞行动物、地面动物和人。在景观水平上有3种驱动力：首先是扩散力与景观异质性有密切联系；其次是传输（物质流），即物质沿能量梯度（在空间里镶嵌状分布）流动；最后是运动，即物质通过消耗自身能量从一处向另一处移动。扩散是一种低能耗过程，仅在小尺度上起作用，而物质流和运动是景观尺度上的主要作用力。水流的侵蚀、搬运与沉积是景观中最活跃的过程之一；而运动是飞行动物、地面动物和人传输多数物质的力，这种迁移最主要的生态特征是物体在所抵达的景观要素中呈高度聚集。总之，扩散作用形成最少的聚集格局，物质流居中，而运动可在景观中形成最明显的簇聚格局。

景观的边缘效应对生态流有重要影响，景观要素的边缘部分可起到半透膜的作用，对通过它的生态流进行过滤。此外，在相邻景观要素处于不同发育期（成熟度）时，可随时间转换而分别起到“源”和“汇”的作用。

（五）景观的自然性与文化性

景观不单纯是一种自然综合体，而且往往被人类注入不同的文化色彩，因而在欧洲很早就有自然景观与文化景观之分。按照人类活动对景观的影响程度可划分出自然景观、管理景观和人工景观。当今地球上不受人类影响的纯粹自然景观日渐减少，而各种不同的人工自然景观或人工经营景观占据陆地表面的主体。对于这两大类景观而言，生物活动（生物多样性与生物生产力）是景观系统最重要的特征。比较理想的有生命力的景观是指具有很高的生物多样性和生产力，而只需要较低能量维持，并具抗干扰性强的生态系统的组合。这两大类景观的稳定性取决于潜在能量或生物量，抗干扰水平与恢复能力。

人工景观或称人类文明景观是一种自然界原先不存在的景观，如城市、工矿和大型水利工程等。大量的人工建筑物成为景观的基质而完全改变了原有的景观外貌，人类成为景观中主要的生态组分。这类景观多表现为规则化的空间布局，以高度特化的功能与通过景观的高强度能流、物流为特征。在这里，景观的多样性体现为景观的文化性。人类对景观的感知、认识和判别直接作用于景观，同时也受着景观的影响；文化风俗强烈地影响着人工景观和管理景观的空间格局；景观外貌可反映出不同民族、地区人民的文化价值观。如我国东北的北大荒地区就是汉族移民在黑土漫岗上的开发活动所创造的粗粒农业景观，而朝鲜族移民在东部山区的宽谷盆地中所创造的是以水田为主的细粒农业景观。由于景观具有自然性和文化性，因而景观生态学的研究也就涉及自然科学与人文科学的交叉。关于景观的多样性及其生态意义已越来越受到研究者的重视。

（六）景观演化的不可逆性与人类主导性

景观系统如同其他自然系统一样，其宏观运动过程是不可逆的，时间反演不对称，它通过开放从环境引入负熵而向有序发展。景观具有分形结构，其整体与部分常常具有自相似嵌套结构特征，系统演化遵循从混沌到有序再到混沌的循环发展形式。

景观演化的动力机制有自然干扰与人为活动影响2个方面，由于今天世界上人类活动影响的普遍性与深刻性，对于作为人类生存环境的各类景观而言，人类活动对于景观演化无疑起着主导作用，通过对变化方向和速率的调控可实现景观的定向演变和可持续发展。

在人类活动对生物圈的持续性作用中，景观破碎化与土地形态的改变是其重要表现。景观破碎化包括斑块数目、形状和内部生境的破碎化3个方面，它不仅常常会导致生物多样性的降低，而且将影响到景观的稳定性。通常我们把人为活动对于自然景观的影响称为干扰，那么对于管理景观的影响由于其定向性和深刻性则应称为改造，而对人工景观的影响更是决定性的，可称之为构建。在人和自然界的关系上有着建设和破坏2个侧面，共生互利才是方向。应用生物控制共生原理进行景观生态建设是景观演化中人类主导性的积极体现。景观生态建设是指一定地域、跨生态系统、适用于特定景观类型的生态工程，它以景观单元空间结构的调整和重新构建为基本手段改善受威胁或受损生态系统的功能，提高其基本生产力和稳定性，将人类活动对于景观演化的影响导入良性循环。我国各地的劳动人民在长期的生产实践中创造出许多成功的景观生态建设模式，比如珠江三角洲湿地景观的基塘系统、黄土高原侵蚀景观的小流域综合治理模式、北方风沙干旱区农业景观中的林–草–田镶嵌格局与复合生态系统模式等。

景观稳定性取决于景观空间结构对于外部干扰的阻抗及恢复能力，其中景观系统所能承受人类活动作用的阈值可称为景观生态系统承载力。其限制变量为环境状况对人类活动的反作用，如景观空间结构的拥挤程度，景观中主要生态系统的稳定性，可更新自然资源的利用强度，环境质量以及人类身心健康的适应与感受性等。

景观系统的演化方式有正反馈、负反馈2种，负反馈有利于系统的自适应和自组织保持系统的稳定，是自然景观演化的主要方式。而不稳定则与正反馈相联系，从自然景观向人工景观的转化，其主要方式则以正反馈居多，如围湖造田、胶林开荒与城市扩张等。耗散结构理论揭示非平衡不可逆性是组织之源、有序之源，通过涨落达到有序。景观系统的演化亦符合这一规律，人类活动打破了自然景观中原有的生态平衡，放大了干扰，改变了景观演化的方向并创造出新的生态平衡，重新实现景观的有序化。

（七）景观价值的多重性

景观作为一个由不同土地单元镶嵌组成，具有明显视觉特征的地理实体，兼具经济、生态和美学价值，这种多重性价值判断是景观规划和管理的基础。景观的经济价值主要体现在生物生产力和土地资源开发等方面，景观的生态价值主要体现为生物多样性与环境功能等方面，这些已经研究得十分清楚。而景观美学价值却是一个范围广泛、内涵丰富，比较难以确定的问题。随着时代的发展，人们的审美观也在变化，人工景观的创造是工业社会强大生产力的体现，城市化与工业化相伴生；然而久居高楼如林、车声嘈杂的城市之后，人们又企盼亲近自然和回归自然，返璞归真成为最新的时尚。

关于景观美学质量的量度可从人类行为过程模式和信息处理理论等方面进行分析，不同民族和不同文化传统对此有深刻的影响，如中国的园林景观同欧洲的园林景观相比就有着极为不同的鲜明特色。它注重野趣生机、自然韵味、情景交融、意境含蓄、以小见大、时空变换、增加景观容量与环境氛围。

价值优化是管理和发展的基础，景观规划和设计应以创建宜人景观为中心。景观的宜人性可理解为比较适于人类生存、走向生态文明的人居环境，包含以下内容：景观通达性、建筑经济性、生态稳定性、环境清洁度、空间拥挤度和景色优美度等。景观设计特别重视景观要素的空间关系，如形状和大小、密度和容量、连接和隔断、区位和层序，如同它们所含的物质和自然资源质量一样重要。在城市景观规划中就应该特别注意合理安排城市空间结构，相对集中利用空间，建筑空间要做到疏密相间；在人工环境中努力显现自然；增加景观的视觉多样性；保护环境敏感区和推进绿色空间体系建设。

第二章　现代林业的发展与实践

第一节　气候变化与现代林业

一、气候变化下林业发展面临的挑战与机遇

（一）气候变化对林业的影响与适应性评估

气候变化会对森林和林业产生重要影响，特别是高纬度的寒温带森林，如改变森林结构、功能和生产力，特别是对退化的森林生态系统，在气候变化背景下的恢复和重建将面临严峻的挑战。气候变化下极端气候事件（高温、热浪、干旱、洪涝、飓风、霜冻等）发生的强度和频率增加，会增加森林火灾、病虫害等森林灾害发生的频率和强度，危及森林的安全，同时进一步增加陆地温室气体排放。

1.气候变化对森林生态系统的影响

（1）森林物候

随着全球气候的变化，各种植物的发芽、展叶、开花、叶变色、落叶等生物学特性，以及初霜、终霜、结冰、消融、初雪、终雪等水文现象也发生改变。气候变暖使中高纬度北部地区20世纪后半叶以来的春季提前到来，而秋季则延迟到来，植物的生长期延长了近2个星期。欧洲、北美以及日本过去30 ～ 50年植物春季和夏季的展叶、开花平均提前了1 ～ 3天。近几十年来欧亚大陆北部和北美洲北部的植被活力显著增长，生长期延长。20世纪80年代以来，中国东北、华北及长江下游地区春季平均温度上升，物候期提前；渭河平原及河南西部春季平均温度变化不明显，物候期也无明显变化趋势；西南地区东部、长江中游地区及华南地区春季平均温度下降，物候期推迟。

（2）森林生产力

气候变化后植物生长期延长，加上大气CO_2浓度升高形成的“施肥效应”，使得森林生态系统的生产力增加。通过卫星植被指数数据分析表明，气候变暖使得近几十年来全球森林NPP（Net Primary Productivity，净初级生产力，表示植被所固定的有机碳中扣除本身呼吸消耗的部分，也称净第一性生产力）增长了约6%。中国森林NPP的增加，部分原因是

全国范围内生长期延长的结果。气温升高使寒带或亚高山森林生态系统NPP增加，但同时也提高了分解速率，从而降低了森林生态系统NEP（Net Ecosystem Productivity，净生态系统生产力）。

不过也有研究结果显示，气候变化导致一些地区森林NPP呈下降趋势，这可能主要是由于温度升高加速了夜间呼吸作用，或降雨量减少所致。卫星影像显示，北美洲北部地区部分森林出现退化，很可能就与气候变暖、夏季延长有关。极端事件（如温度升高导致夏季干旱，因干旱引发火灾等）的发生，也会使森林生态系统NPP下降、NEP降低、NBP（Net Biome Productivity，净生物群区生产力）出现负增长。

未来气候变化通过改变森林的地理位置分布、提高生长速率，尤其是大气CO_2浓度升高所带来的正面效益，从而增加全球范围内的森林生产力。未来全球气候变化后，中国森林NPP地理分布格局不会发生显著变化，但森林生产力和产量会呈现出不同程度的增加。在热带、亚热带地区，森林生产力将增加1% ~ 2%，暖温带将增加2%左右，温带将增加5% ~ 6%，寒温带将增加10%。尽管森林NPP可能会增加，但由于气候变化后病虫害的暴发和范围的扩大、森林火灾的频繁发生，森林固定生物量却不一定增加。

（3）森林的结构、组成和分布

过去数十年里，许多植物的分布都有向极地扩张的现象，而这很可能就是气温升高的结果。一些极地和苔原冻土带的植物都受到气候变化的影响，而且正在逐渐被树木和低矮灌木所取代。北半球一些山地生态系统的森林林线明显向更高海拔区域迁移。气候变化后的条件还有可能更适合于区域物种的入侵，从而导致森林生态系统的结构发生变化。在欧洲西北部、南美墨西哥等地区的森林，都发现有喜温植物入侵而原有物种逐步退化的现象。

受气候变化影响，在过去的几十年内，中国森林的分布也发生了较大变化。如祁连山山地森林区森林面积减少16.5%、林带下限由1900m上升到2300m，森林覆盖度减少10%。研究结果表明，在气温升高的背景下，分布在大兴安岭的兴安落叶松和小兴安岭及东部山地的云杉、冷杉和红杉等树种的可能分布范围和最适分布范围均发生了北移。

未来气候有可能向暖湿变化，造成从南向北分布的各种类型森林带向北推进，水平分布范围扩展，山地森林垂直带谱向上移动。为了适应未来气温升高的变化，一些森林物种分布会向更高海拔的区域移动。但是气候变暖与森林分布范围的扩大并不同步，后者具有长达几十年的滞后期。未来中国东部森林带北移，温带常绿阔叶林面积扩大，较南的森林类型取代较北的类型，森林总面积增加。未来气候变化可能导致我国森林植被带的北移，尤其是落叶针叶林的面积减少很大，甚至可能移出我国境内。

2.气候变化对森林火灾的影响

生态系统对气候变暖的敏感度不同，气候变化对森林可燃物和林火动态有显著影响。

气候变化引起了动植物种群变化和植被组成或树种分布区域的变化，从而影响林火发生频率和火烧强度，林火动态的变化又会促进动植物种群改变。火烧对植被的影响取决于火烧频率和强度，严重火烧能引起灌木或草地替代树木群落，引起生态系统结构和功能的显著变化。虽然目前林火探测和扑救技术明显提高，但伴随着区域明显增温，北方林年均火烧面积呈增加趋势。极端干旱事件常常引起森林火灾大暴发，如欧洲的森林大火。火烧频率增加可能抑制树木更新，有利于耐火树种和植被类型的发展。

温度升高和降水模式改变将增加干旱区的火险，火烧频度加大。气候变化还影响人类的活动区域，并影响到火源的分布。林火管理有多种方式，但完全排除火烧的森林防火战略在降低火险方面好像相对作用不大。火烧的驱动力、生态系统生产力、可燃物积累和环境火险条件都受气候变化的影响。积极的火灾扑救促进碳沉降，特别是腐殖质层和土壤，这对全球的碳沉降是非常重要的。

气候变化将增加一些极端天气事件与灾害的发生频率和量级。未来气候变化特点是气温升高、极端天气或气候事件增加和气候变率增大。天气变暖会引起雷击和雷击火的发生次数增加，防火期将延长。温度升高和降水模式的改变，提高了干旱性升高区域的火险。在气候变化情景下，大部分地区季节性火险升高10%。气候变化会引起火循环周期缩短，火灾频度的增加导致了灌木占主导地位的景观。最近的一些研究是通过气候模式与森林火险预测模型的耦合，预测未来气候变化情景下的森林火险变化。

降水和其他因素共同影响干旱期延长和植被类型变化，因为对未来降水模式的变化了解有限，与气候变化和林火相关的研究还存在很大不确定性。气候变化可能导致火烧频度增加，特别是降水量不增加或减少的地区。降水量的普遍适度增加会带来生产力的增加，也有利于产生更多的细易燃小可燃物。变化的温度和极端天气事件将影响火烧发生频率和模式，北方林对气候变化最为敏感。火烧频率、大小、强度、季节性、类型和严重性影响森林组成和生产力。

3. 气候变化对林业区划的影响

林业区划是促进林业发展和合理布局的一项重要基础性工作。林业生产的主体——森林受外界自然条件的制约，特别是气候、地貌、水文、土壤等自然条件对森林生长具有决定性意义。由于不同地区具有不同的自然环境条件，导致森林分布具有明显的地域差异性。林业区划的任务是根据林业分布的地域差异，划分林业的适宜区。其中以自然条件的异同为划分林业区界的基本依据。中国全国林业区划以气候带、大地貌单元和森林植被类型或大树种为主要标志；省级林业区划以地貌、水热条件和大林种为主要标志；县级林业区划以代表性林种和树种为主要标志。

未来气候增暖后，中国温度带的界限北移，寒温带的大部分地区可能达到中温带温度状况，中温带面积的1/2可能达到暖温带温度状况，暖温带的绝大部分地区可能达到北亚热带温度状况，而北亚热带可能达到中亚热带温度状况，中亚热带可能达到南亚热带温度状况，南亚热带可能达到边缘热带温度状况，边缘热带的大部分地区可能达到中热带温度状况，中热带的海南岛南端可能达到赤道带温度状况。

全球变暖后，中国干湿地区的划分仍为湿润至干旱4种区域，干湿区范围有所变化。总体来看，干湿区分布较气候变暖前的分布差异减小，分布趋于平缓，从而缓和了自东向西水分急剧减少的状况。

未来气候变化可能导致中国森林植被带北移，尤其是落叶针叶林的面积减少很大，甚至可能移出中国境内；温带落叶阔叶林面积扩大，较南的森林类型取代较北的类型；华北地区和东北辽河流域未来可能草原化；西部的沙漠和草原可能略有退缩，被草原和灌丛取代；高寒草甸的分布可能略有缩小，将被热带稀树草原和常绿针叶林取代。

中国目前极端干旱区、干旱区的总面积，占国土面积的38.3%，且干旱和半干旱趋势十分严峻。温度上升4℃时，中国干旱区范围扩大，而湿润区范围缩小，中国北方趋于干旱化。随着温室气体浓度的增加，各气候类型区的面积基本上均呈增加的趋势，其中以极端干旱区和亚湿润干旱区增加的幅度最大，半干旱区次之，持续变干必将加大沙漠化程度。

4.气候变化对林业重大工程的影响

气候增暖和干暖化，将对中国六大林业工程的建设产生重要影响，主要表现在植被恢复中的植被种类选择和技术措施、森林灾害控制、重要野生动植物和典型生态系统的保护措施等。中国天然林资源主要分布在长江、黄河源头地区或偏远地区，森林灾害预防和控制的基础设施薄弱，因此面临的林火和病虫灾害威胁可能增大。未来中国气温升高，特别是部分地区干暖化，将使现在退耕还林工程区内的宜林荒地和退耕地逐步转化为非宜林地和非宜林退耕地，部分荒山造林和退耕还林形成的森林植被有可能退化，形成功能低下的“小老树”林。三北和长江中下游地区等重点防护林建设工程的许多地区，属干旱半干旱气候区，水土流失严重，土层浅薄，土壤水分缺乏，历来是中国造林最困难的地区。未来气候增暖及干暖化趋势，将使这些地区的立地环境变得更为恶劣，造林更为困难。一些现在的宜林地可能须以灌草植被建设取代，特别是在森林—草原过渡区。

（二）林业减缓气候变化的作用

森林作为陆地生态系统的主体，以其巨大的生物量储存着大量碳，是陆地上最大的碳储库和最经济的吸碳器。树木主要由碳水化合物组成，树木生物体中的碳含量约占其干重（生物量）的50%。树木的生长过程就是通过光合作用，从大气中吸收CO_2，将CO_2转化为碳水化合物贮存在森林生物量中。因此，森林生长对大气中CO_2的吸收（固碳作用）能为减缓全球变暖的速率做出贡献。同时森林破坏是大气CO_2的重要排放源，保护森林植被是全球温室气体减排的重要措施之一。林业生物质能源作为“零排放”能源，大力发展林业生物质能源，从而减少化石燃料燃烧，是减少温室气体排放的重要措施。

1.维持陆地生态系统碳库

森林作为陆地生态系统的主体，以其巨大的生物量储存着大量的碳，森林植物中的碳含量约占生物量干重的50%。全球森林生物量碳储量达282.7GtC，平均每公顷森林的生物量碳储量71.5tC，如果加上土壤、粗木质残体和枯落物中的碳，每公顷森林碳储量达161.1tC。可见，森林生态系统是陆地生态系统中最大的碳库，其增加或减少都将对大气CO_2产生重要影响。

2.增加大气CO_2吸收汇

森林植物在其生长过程中通过同化作用，吸收大气中的CO_2，将其固定在森林生物量中。森林每生长$1m^3$木材，约需要吸收$1.83tCO_2$。在全球每年近60GtC的净初级生产量中，热带森林占20.1GtC，温带森林占7.4GtC，北方森林占2.4GtC。

在自然状态下，随着森林的生长和成熟，森林吸收CO_2的能力降低，同时森林自养和异养呼吸增加，使森林生态系统与大气的净碳交换逐渐减小，系统趋于碳平衡状态，或生态系统碳储量趋于饱和，如一些热带和寒温带的原始林。但达到饱和状态无疑是一个十分漫长的过程，可能需要上百年甚至更长的时间。即便如此，仍可通过增加森林面积来增强陆地碳储存。而且如上所述，一些研究测定发现原始林仍有碳的净吸收。森林被自然或人为扰动后，其平衡将被打破，并向新的平衡方向发展，达到新平衡所需的时间取决于目前的碳储量水平、潜在碳储量和植被与土壤碳累积速率。对于可持续管理的森林，成熟森林被采伐后可以通过再生长达到原来的碳储量，而收获的木材或木产品一方面可以作为工业或能源的代用品，从而减少工业或能源部门的温室气体源排放；另一方面，耐用木产品可以长期保存，部分可以永久保存，从而减缓大气CO_2浓度的升高。

增强碳吸收汇的林业活动包括造林、再造林、退化生态系统恢复、建立农林复合系统、加强森林可持续管理以提高林地生产力等能够增加陆地植被和土壤碳储量的措施。通过造林、再造林和森林管理活动，增强碳吸收汇已得到国际社会广泛认同，并允许发达国家使用这些活动产生的碳汇用于抵消其承诺的温室气体减限排指标。造林碳吸收因造林树种、立地条件和管理措施而异。

有研究表明，由于中国大规模的造林和再造林活动，到21世纪50年代，中国森林年净碳吸收能力将会大幅度地增加。

二、应对气候变化的林业实践

（一）清洁发展机制与造林、再造林

清洁发展机制（Clean Development Mechanism，简称CDM）是《京都议定书》确立

的、发达国家与发展中国家之间的合作机制。其目的是帮助发展中国家实现可持续发展，同时帮助缔约国家（主要是发达国家）实现其在《京都议定书》的减限排承诺。在该机制下，发达国家通过以技术和资金投入的方式与发展中国家合作，实施具有温室气体减排的项目，项目实现的可证实的温室气体减排量，可用于缔约方承诺的温室气体减限排义务。CDM被普遍认为是一种“双赢”机制。一方面，发展中国家缺少经济发展所需的资金和先进技术，经济发展常常以牺牲环境为代价，而通过这种项目级的合作，发展中国家可从发达国家获得资金和先进的技术，同时通过减少温室气体排放，降低经济发展对环境带来的不利影响，最终促进国内社会经济的可持续发展。另一方面，发达国家在本国实施温室气体减排的成本较高，对经济发展有很大的负面影响，而在发展中国家的减排成本要低得多，因此通过该机制，发达国家可以以远低于其国内所需的成本实现其减限排承诺，节约大量的资金，并减轻减限排对国内经济发展的压力，甚至还可将技术、产品甚至观念输入到发展中国家。

CDM可分为减排项目和汇项目。减排项目指通过项目活动有益于减少温室气体排放的项目，主要是在工业、能源等部门，通过提高能源利用效率、采用替代性或可更新能源来减少温室气体排放。提高能源利用效率包括如高效的清洁燃煤技术、热电联产高耗能工业的工艺技术、工艺流程的节能改造、高效率低损耗电力输配系统、工业及民用燃煤锅炉窑炉、水泥工业过程减排二氧化碳的技术改造、工业终端通用节能技术等项目。替代性能源或可更新能源包括诸如水力发电、煤矿煤层甲烷气的回收利用、垃圾填埋沼气回收利用、废弃能源的回收利用、生物质能的高效转化系统、集中供热和供气、大容量风力发电、太阳能发电等。由于这些减排项目通常技术含量高、成本也较高，属技术和资金密集型项目，对于技术落后、资金缺乏的发展中国家，不但可引入境外资金，而且由于发达国家和发展中国家能源技术上的巨大差距，从而可通过CDM项目大大提高本国的技术能力。在这方面对我国尤其有利，这也是CDM减排项目在我国受到普遍欢迎并被列入优先考虑的项目的原因。

汇项目指能够通过土地利用、土地利用变化和林业项目活动增加陆地碳储量的项目，如造林、再造林、森林管理、植被恢复、农地管理、牧地管理等。

根据项目规模，CDM项目可分为常规CDM项目和小规模CDM项目。小规模A/RCDM项目是指预期的人为净温室气体汇清除低于8000tCO_2每年、由所在国确定的低收入社区或个人开发或实施的CDM造林或再造林项目活动。如果小规模A/RCDM项目活动引起的人为净温室气体汇清除量大于每年8000tCO_2，超出部分汇清除将不予发放TCER（Temporary Certified Emission Reduction，临时核证的排放减少）或ICER。为降低交易成本，对小规模CDM项目活动，在项目设计书、基线方法学、监测方法学、审定、核查、核证和注册方面，其方式和程序得以大大简化，要求也降低。

CDM是发达国家和发展中国家之间有关温室气体减排的合作机制，但参与双方都属自愿性质，而且参与CDM的每一方都应指定一个CDM国家主管机构。我国CDM国家主管机构是国家发展和改革委员会。在发展中国家中，只有《京都议定书》的缔约方才能够参加CDM项目活动。我国政府于21世纪初核准了《京都议定书》，是《京都议定书》的缔约方，因此有资格成为CDM的参与方。发展中国家开展的A/RCDM项目活动，还必须确定其对森林的定义满足以下标准：

第一，最低林木冠层覆盖度为10% ~ 30%；

第二，最小面积为0.05 ~ 1.0hm^2；

第三，最低树高为2 ~ 5m。

森林定义一旦确定，其在第一承诺期结束前注册的所有A/RCDM项目活动所采用的森林定义不变，并通过指定的CDM国家主管部门向CDM执行理事会报告。我国确定并向CDM执行理事会报告的森林定义标准为：最低林木冠层覆盖度为20%，最小面积为0.067hm^2，最低树高为2m。

发达国家参与方必须满足《京都议定书》缔约方会议的合格性要求，才能将CDM项目所产生的核证减排量（CERs）用于其在《京都议定书》条款中的承诺。但是，如果发达国家不将CDM用于条款承诺，在不满足合格性要求的情况下，也可以参与CDM项目。

（二）非京都市场

为推动减排和碳汇活动的有效开展，近年来，许多国家、地区和多边国际金融机构（世界银行）相继成立了碳基金。在国际碳基金的资助下，通过发达国家内部、发达国家之间或者发达国家和发展中国家之间合作开展了减排和增汇项目。通过互相买卖碳信用指标，形成了碳交易市场。目前除了按照《京都议定书》规定实施的项目以外，非京都规则的碳交易市场也十分活跃。这个市场被称为志愿市场。

志愿市场是指不为实现《京都议定书》规定目标而购买碳信用额度的市场主体（公司、政府、非政府组织、个人）之间进行的碳交易。这类项目并非寻求清洁发展机制的注册，项目所产生的碳信用额成为确认减排量（VERs）。购买者可以自愿购买清洁发展机制或非清洁发展机制项目的信用额。此外，国际碳汇市场还有被称为零售市场的交易活动。所谓零售市场，就是那些投资于碳信用项目的公司或组织，以较高的价格小批量出售减排量（碳信用指标）。当然，零售商经营的也有清洁发展机制的项目，即经核证的减排量（CERs）或减排单位（ERUs）。但是目前零售商向志愿市场出售的大部分仍为确定减排量。

作为发展中国家，虽然中国目前不承担减排义务，但是作为温室气体第二大排放国，建设资源节约型、环境友好型和低排放型社会，是中国展示负责任大国形象的具体行动，也符合中国长远的发展战略。因此，根据《联合国气候变化框架公约》和《京都议定书》

的基本精神，中国政府正在致力于为减少温室气体排放、缓解全球气候变暖进行不懈努力。这些努力既涉及节能降耗、发展新能源和可再生能源，也包括大力推进植树造林、保护森林和改善生态环境的一系列行动。企业参与减缓气候变化的行动，既可以通过实施降低能耗，提高能效，使用可再生能源等工业项目，又可以通过植树造林、保护森林的活动来实现。

第二节　荒漠化防治与现代林业

一、我国荒漠化治理分区

我国地域辽阔，生态系统类型多样，社会经济状况差异大，根据实际情况，将全国荒漠化地区划分为以下几个典型的治理区域。

（一）风沙灾害综合防治区

本区包括东北西部、华北北部及西北大部干旱、半干旱地区。这一地区沙化土地面积大。由于自然条件恶劣，干旱多风，植被稀少，草地沙化严重，生态环境十分脆弱；农村燃料、饲料、肥料、木料缺乏，严重影响当地人民的生产和生活。生态环境建设的主攻方向是：在沙漠边缘地区、沙化草原、农牧交错带、沙化耕地、沙地及其他沙化土地，采取综合措施，保护和增加沙区林草植被，控制荒漠化扩大趋势。以“三北”风沙线为主干，以大中城市、厂矿、工程项目周围为重点，因地制宜兴修各种水利设施，推广旱作节水技术，禁止毁林毁草开荒，采取植物固沙、沙障固沙等各种有效措施，减轻风沙危害。对于沙化草原、农牧交错带的沙化耕地、条件较好的沙地及其他沙化土地，通过封沙育林育草、飞播造林种草、人工造林种草、退耕还林还草等措施，进行积极治理。因地制宜，积极发展沙产业。鉴于中国沙化土地分布的多样性和广泛性，可细分为3个亚区。

第一，干旱沙漠边缘及绿洲治理类型区：该区主体位于贺兰山以西，祁连山和阿尔金山、昆仑山以北，行政范围包括新疆大部、内蒙古西部及甘肃河西走廊等地区。区内分布塔克拉玛干、古尔班通古特、库姆塔格、巴丹吉林、腾格里、乌兰布和、库布齐7大沙漠。本区干旱少雨，风大沙多，植被稀少，年降水量多在200毫米以下，沙漠浩瀚，戈壁广布，生态环境极为脆弱，天然植被破坏后难以恢复，人工植被必须在灌溉条件下才有可能成活。依水分布的小面积绿洲是人民赖以生存、发展的场所。目前存在的主要问题是沙漠扩展剧烈，绿洲受到流沙的严重威胁；过牧、樵采、乱垦、挖掘，使天然荒漠植被大量减少；不合理地开发利用水资源，挤占了生态用水，导致天然植被衰退死亡，绿洲萎缩。

本区以保护和拯救现有天然荒漠植被和绿洲、遏制沙漠侵袭为重点。具体措施：将不具备治理条件和具有特殊生态保护价值的不宜开发利用的连片沙化土地划为封禁保护区；合理调节河流上下游用水，保证生态用水；在沙漠前沿建设乔、灌、草合理配置的防风阻沙林带，在绿洲外围建立综合防护体系。

第二，半干旱沙地治理类型区：该区位于贺兰山以东、长城沿线以北，以及东北平原西部地区，区内分布有浑善达克、呼伦贝尔、科尔沁和毛乌素4大沙地，其行政范围包括北京、天津、内蒙古、河北、山西、辽宁、吉林、黑龙江、陕西和宁夏10省（自治区、直辖市）。本区是影响华北及东北地区沙尘天气的沙源尘源区之一。干旱多风，植被稀疏，但地表和地下水资源相对丰富，年降水量在300 ~ 400毫米之间，沿中蒙边界在200毫米以下。本区天然与人工植被均可在自然降水条件下生长和恢复。目前存在的主要问题是过牧、过垦、过樵现象十分突出，植被衰败，草场退化，沙化发生发展活跃。本区以保护、恢复林草植被，减少地表扬沙起尘为重点。具体措施：牧区推行划区轮牧、休牧、围栏禁牧、舍饲圈养，同时沙化严重区实行生态移民，农牧交错区在搞好草畜平衡的同时，通过封沙育林育草、飞播造林（草）、退耕还林还草和水利基本建设等措施，建设乔、灌、草相结合的防风阻沙林带，治理沙化土地，遏制风沙危害。

第三，亚温润沙地治理类型区：该区主要包括太行山以东、燕山以南、淮河以北的黄淮海平原地区，沙化土地主要由河流改道或河流泛滥形成，其中以黄河故道及黄泛区的沙化土地分布面积最大。行政范围涉及北京、天津、河北、山东、河南等省（直辖市）。该区自然条件较为优越，光照和水热资源丰富，年降水量450 ~ 800毫米。地下水丰富，埋藏较浅，开垦历史悠久，天然植被仅分布于残丘、沙荒、河滩、洼地、湖区等，是我国粮棉重点产区之一，人口密度大，劳动力资源丰富。目前存在的主要问题是局部地区风沙活动仍强烈，冬春季节风沙危害仍很严重。本区以田、渠、路林网和林粮间作建设为重点，全面治理沙化土地。主要治理措施：在沙地的前沿大力营造防风固沙林带，结合渠、沟、路建设，加强农田防护林、护路林建设，保护农田和河道，并在沙化面积较大的地块大力发展速生丰产用材林。

（二）黄土高原重点水土流失治理区

本区域包括陕西北部、山西西北部、内蒙古中南部、甘肃东部、青海东部及宁夏南部黄土丘陵区。总面积30多万平方千米，是世界上面积最大的黄土覆盖地区，气候干旱，植被稀疏，水土流失十分严重，水土流失面积约占总面积的70%，是黄河泥沙的主要来源地。这一地区土地和光热资源丰富，但水资源缺乏，农业生产结构单一，广种薄收，产量长期低而不稳，群众生活困难，贫困人口量多面广。加快这一区域生态环境治理，不仅可以解决农村贫困问题，改善生存和发展环境，而且对治理黄河至关重要。生态环境建设的主攻方向是：以小流域为治理单元，以县为基本单位，以修建水平梯田和沟坝地等基本农田为突破口，综合运用工程措施、生物措施和耕作措施治理水土流失，尽可能做到泥不出沟。陡坡地退耕还草还林，实行草、灌木、乔木结合，恢复和增加植被。在对黄河危害最大的砒砂岩地区大力营造沙棘水土保持林，减少粗沙流失危害。大力发展雨水集流节水灌溉，推广普及旱作农业技术，提高农产品产量，稳定解决温饱问题。积极发展林果业、畜牧业和农副产品加工业，帮助农民脱贫致富。

（三）北方退化天然草原恢复治理区

我国草原分布广阔，总面积约270万km^2，占国土面积的1/4以上，主要分布在内蒙古、新疆、青海、四川、甘肃、西藏等地区，是我国生态环境的重要屏障。长期以来，受人口增长、气候干旱和鼠虫灾害的影响，特别是超载过牧和滥垦乱挖，江河水系源头和上中游地区的草地退化加剧，有些地方已无草可用、无牧可放。生态环境建设的主攻方向是：保护好现有林草植被，大力开展人工种草和改良草场（种），配套建设水利设施和草地防护林网，加强草原鼠虫灾防治，提高草场的载畜能力。禁止草原开荒种地。实行围栏、封育和轮牧，建设“草库伦”，搞好草畜产品加工配套。

（四）青藏高原荒漠化防治区

本区域面积约176万km^2，该区域绝大部分是海拔3000m以上的高寒地带，土壤侵蚀以冻融侵蚀为主。人口稀少，牧场广阔，其东部及东南部有大片林区，自然生态系统保存较为完整，但天然植被一旦破坏将难以恢复。生态环境建设的主攻方向是：以保护现有的自然生态系统为主，加强天然草场，长江、黄河源头水源涵养林和原始森林的保护，防止不合理开发。其中分为2个亚区，即高寒冻融封禁保护区和高寒沙化土地治理区。

（五）西南岩溶地区石漠化治理区

主要以金沙江、嘉陵江流域上游干热河谷和岷江上游干旱河谷，川西地区、三峡库区、乌江石灰岩地区、黔桂滇岩溶地区热带–亚热带石漠化治理为重点，加大生态保护和建设力度。

二、荒漠化防治对策

（一）加大荒漠化防治科技支撑力度

科学规划，周密设计。科学地确定林种和草种结构，宜乔则乔，宜灌则灌，宜草则草，乔、灌、草合理配置，生物措施、工程措施和农艺措施有机结合。大力推广和应用先进科技成果和实用技术。根据不同类型区的特点有针对性地对科技成果进行组装配套，着重推广应用抗逆性强的植物良种、先进实用的综合防治技术和模式，逐步建立起一批高水平的科学防治示范基地，辐射和带动现有科技成果的推广和应用，促进科技成果的转化。

加强荒漠化防治的科技攻关研究。荒漠化防治周期长，难度大，还存在着一系列亟待研究和解决的重大科技课题。如荒漠化控制与治理、沙化退化地区植被恢复与重建等关键技术；森林生态群落的稳定性规律；培育适宜荒漠化地区生长、抗逆性强的树木良种，加快我国林木良种更新，提高林木良种使用率；荒漠化地区水资源合理利用问题，保证生态系统的水分平衡等。

大力推广和应用先进科技成果和实用技术。在长期的防治荒漠化实践中，我国广大科技工作者已经探索、研究出了上百项实用技术和治理模式，如节水保水技术、风沙区造林技术、沙区飞播造林种草技术、封沙育林育草技术、防护林体系建设与结构模式配置技术、草场改良技术、病虫害防治技术、沙障加生物固沙技术、公路铁路防沙技术、小流域综合治理技术和盐碱地改良技术等。这些技术在我国荒漠化防治中已被广泛采用，并在实践中被证明是科学可行的。

（二）建立荒漠化监测和工程效益评价体系

荒漠化监测与效益评价是工程管理的一个重要环节，也是加强工程管理的重要手段，是编制规划、兑现政策、宏观决策的基础，是落实地方行政领导防沙治沙责任考核奖惩的主要依据。为了及时、准确、全面地了解和掌握荒漠化现状及治理成就及其生态防护效益，为荒漠化管理部门进行科学管理、科学决策提供依据，必须加强和完善荒漠化监测与效益评价体系建设，进一步提高荒漠化监测的灵敏性、科学性和可靠性。

加强全国沙化监测网络体系建设。在5次全国荒漠化、沙化监测的基础上，根据《防沙治沙法》的有关要求，要进一步加强和完善全国荒漠化、沙化监测网络体系建设，修订荒漠化监测的有关技术方案，逐步形成以面上宏观监测、敏感地区监测和典型类型区定位监测为内容的，以“3S”[即遥感(Remote Sensing)、地理信息系统(Geographical Information System)、全球定位系统(Global Position System)的统称]技术结合地面调查为技术路线的，适合当前国情的比较完备的荒漠化监测网络体系。

建立沙尘暴灾害评估系统。利用最新的技术手段和方法，预报沙尘暴的发生，评估沙尘暴所造成的损失，为各级政府提供防灾减灾的对策和建议，具有十分重要的意义。应用遥感信息和地面站点的观测资料，结合沙尘暴影响区域内地表植被、土壤状况、作物面积和物候期、生长期、畜牧业情况及人口等基本情况，通过建立沙尘暴灾害经济损失评估模型，对沙尘暴造成的直接经济损失进行评估。今后，需要进一步修订完善灾害评估模型，以提高灾害评估的准确性和可靠度。

完善工程效益定位监测站（点）网建设。防治土地沙化重点工程，要在工程实施前完成工程区各种生态因子的普查和测定，并随着工程进展连续进行效益定位监测和评价。在各典型区建立工程效益监测站，利用“3S”技术，点面监测结合，对工程实施实时、动态监测，掌握工程进展情况，评价防沙治沙工程效益。工程监测与效益评价结果应分区、分级进行，在国家级的监测站下面，根据实际情况分级设立各级监测网点。

（三）完善管理体制、创新治理机制

我国北方的土地退化经过近半个世纪的研究和治理，荒漠化和沙化整体扩展的趋势得到初步遏制，但局部地区仍在扩展。基于我国的国情和沙情，我国土地荒漠化和沙化的总体形势仍然严峻，防沙治沙的任务仍然非常艰巨。我国荒漠化治理过多地依赖政府行为，忽视了人力资本的开发和技术成果的推广与转化。制度安排得不合理是影响我国沙漠化治理成效的重要原因之一。要走出现实的困境，就必须完成制度安排的正向变迁，在产权得到保护和补偿制度建立的前提下，通过一系列的制度保证，将荒漠的公益性治理的运作机制转变为利益性治理，建立符合经济主体理性的激励相容机制，鼓励农牧民和企业参与治沙，从根本上解决荒漠化的贫困根源，使荒漠化地区经济、社会得到良性发展，实现社会、经济、环境三重效益的整体最大化。

1. 设立生态特区和封禁保护区

在我国北方共计有7400多千米的边境风沙线，既是国家的边防线，又是近50个少数民族的生命线。另外西部航天城、军事基地，卫星、导弹发射基地，驻扎在国境线上的无数边防哨卡等，直接关系到国防安全和国家安全。荒漠化地区的许多国有林场（包括苗圃、治沙站）和科研院所是防治荒漠化的主力军，但科学研究因缺乏经费不能开展，许多关键问题如节水技术、优良品种选育、病虫害防治等得不到解决，很多种、苗基地处于瘫痪、半瘫痪状态，职工工资没有保障，工程建设缺乏技术支撑和持续发展后劲。

有鉴于此，建议将沙区现有的军事战略基地（军事基地、航天基地、边防哨所、营地等）和科研基地（长期定位观测站、治沙试验站、新技术新品种试验区等）划为生态特区。

沙化土地封禁保护区是指在规划期内不具备治理条件的以及因保护生态的需要不宜开发利用的连片沙化土地。据测算，按照沙化土地封禁保护区划定的基本条件，我国适合封禁保护的沙化土地总面积约60万km^2，主要分布在西北荒漠和半荒漠地区以及青藏高原高寒荒漠地区，区内分布有塔克拉玛干、古尔班通古特、库姆塔格、巴丹吉林、腾格里、柴达木、亚玛雷克、巴音温都尔等沙漠。行政范围涉及新疆、内蒙古、西藏、甘肃、宁夏、青海6个省（自治区），114个县（旗、区）。这些地区是我国沙尘暴频繁活动的中心区域或风沙移动的路经区，对周边区域的生态环境有明显的影响。因此，加快对这些地区实施封禁保护，促进沙区生态环境的自然修复，减轻沙尘暴的危害，改善区域生态环境，是

当前防沙治沙工作面临的一项十分紧迫的任务。

主要采取的保护措施包括：一是停止一切导致这部分区域生态功能退化的开发活动和其他人为破坏活动；二是停止一切产生严重环境污染的工程项目建设；三是严格控制人口增长，区内人口已超过承载能力的应采取必要的移民措施；四是改变粗放的生产经营方式，走生态经济型发展的道路，对已经破坏的重要生态系统，要结合生态环境建设措施，认真组织重建，尽快遏制生态环境恶化趋势；五是进行重大工程建设要经国务院指定的部门批准。沙化土地封禁保护区建设是一项新事物，目前仍处于起步阶段。特别是封禁保护的区域多位于边远地区、贫困地区和少数民族地区，如何妥善处理好封禁保护与地方经济社会发展的关系，保证其健康有序地推进，还没有可以借鉴的成熟模式和经验，还需要在实践过程中不断地探索和总结。封禁保护区建设涉及农、林、国土等不同的行业和部门，建设项目包括封禁保护区居民转移安置、配套设施建设、管理和管护队伍建设、宣传教育等，是一项工作难度大、综合性较强的系统工程。因此，研究制定切实可行的措施与保障机制，对于保证封禁保护区建设成效具有重要意义。

2. 创办专业化治沙生态林场

目前，荒漠化地区林场变农场，苗圃变农田，职工变农民的现象比较普遍。近几年在西北地区暴发的黄斑天牛、光肩星天牛虫害使多年来营造的大面积防护林毁于一旦，给农业生产带来严重损失，宁夏平原地区因天牛危害砍掉防护林使农业减产20% ~ 30%，这种本可避免的损失与上述困境有直接的关系。

为了保证荒漠化治理工程建设的质量和投资效益，建议在国家、省、地、县组建生态工程承包公司，由农村股份合作林场、治沙站、国有林场以及下岗人员参与国家和地方政府的荒漠化治理工程投标。所有生态工程建设项目实行招标制审批，合同制管理，公司制承包，股份制经营，滚动式发展机制，自主经营，自负盈亏，独立核算。

第三节　森林及湿地生物多样性保护

一、生物多样性保护的生态学理论

（一）岛屿生物地理学

人们早就意识到岛屿的面积与物种数量之间存在着一种对应关系。物种存活数目与其生境所占据的面积或空间之间的关系可以用幂函数来表示：$S=cA^z$这里S表示物种数目；A为生境面积或空间大小；c为常数，表示单位面积（空间）物种数目，随生态域和生物种类不同而有变化；z为统计常量，反映S与A各自取对数后彼此线性关系的斜率，即 logS=zlogA+logc。这里首次从动态方面阐述了物种丰富度与面积及隔离程度的关系，认为岛屿上存活物种的丰富度取决于新物种的迁入和原来占据岛屿的物种的灭绝，迁入和绝灭过程的消长导致物种丰富度动态变化。物种灭绝率随岛屿面积的减小而增大（面积效应），物种迁入率随着隔离距离的增大而减小（距离效应）。当迁入率和灭绝率相等时，物种丰富度处于动态平衡，即物种的数目相对稳定，但物种的组成却不断变化和更新。这种状态下物种的种类更新的速率在数值上等于当时的迁入率或绝灭率，通常称为种周转率。这就是岛屿生物地理学理论的核心内容。

（二）集合种群生态学

狭义集合种群指局域种群的灭绝和侵占，重点是局域种群的周转。广义集合种群指相对独立地理区域内各局域种群的集合，并且各局域种群通过一定程度的个体迁移而使之联为一体。

用集合种群的途径研究种群生物学有 2 个前提：①局域繁育种群的集合被空间结构化；②迁移对局部动态有某些影响，如灭绝后种群重建的可能性。

由于人类活动的干扰，许多栖息地都不再是连续分布，而是被割裂成多个斑块，许多物种就是生活在这样破碎化的栖息地当中，并以集合种群形式存在的，包括一些植物、数种昆虫纲以外的无脊椎动物、部分两栖动物、一些鸟类和部分小型哺乳动物，以及昆虫纲中的很多物种。

集合种群理论对自然保护有以下几个启示：①集合种群的长期续存需要 10 个以上的生境斑块；②生境斑块的理想间隔应是一个折中方案；③空间现实的集合种群模型可用于对破碎景观中的物种进行实际预测；④较高生境质量的空间变异是有益的；⑤现在景观中集合种群的生存可能具有欺骗性。

在过去几年中，集合种群动态及其在破碎景观中的续存等概念在种群生物学、保护生物学、生态学中牢固地树立起来。在保护生物学中，由于集合种群理论从物种生存的栖息地的质量及其空间动态的角度探索物种灭绝及物种分化的机制，成功地运用集合种群动态理论，希望从生物多样性演化的生态与进化过程上寻找保护珍稀濒危物种的规律。它很大程度上取代了岛屿生物地理学。

二、生物多样性保护技术

（一）一般途径

1. 就地保护

就地保护是保护生物多样性最为有效的措施。就地保护是指为了保护生物多样性，把包含保护对象在内一定面积的陆地或水体划分出来，进行保护和管理。就地保护的对象主要包括有代表性的自然生态系统和珍稀濒危动植物的天然集中分布区等。就地保护主要是建立自然保护区。自然保护区的建立需要大量的人力物力，因此，保护区的数量终究有限。同时，某些濒危物种、特殊生态系统类型、栽培和家养动物的亲缘种不一定都生活在保护区内，还应从多方面采取措施，如建设设立保护点等。在林业上，应采取有利生物多样性保护的林业经营措施，特别应禁止采伐残存的原生天然林及保护残存的片断化的天然植被，如灌丛、草丛，禁止开垦草地、湿地等。

2. 迁地保护

迁地保护是就地保护的补充。迁地保护是指为了保护生物多样性，把由于生存条件不复存在，物种数量极少或难以找到配偶等原因，而生存和繁衍受到严重威胁的物种迁出原地，通过建立动物园、植物园、树木园、野生动物园、种子库、精子库、基因库、水族馆、海洋馆等不同形式的保护设施，对那些比较珍贵的、具有较高价值的物种进行的保护。这种保护在很大程度上是挽救式的，它可能保护了物种的基因，但长久以后，可能保护的是生物多样性的活标本。因为迁地保护是利用人工模拟环境，自然生存能力、自然竞争等在这里无法形成。珍稀濒危物种的迁地保护一定要考虑种群的数量，特别对稀有和濒危物种引种时要考虑引种的个体数量，因为保持一个物种必须以种群最小存活数量为依据。对某一个种仅引种几个个体对保存物种的意义有限，而且一个物种种群最好来自不同地区，以丰富物种遗传多样性。迁地保护为趋于灭绝的生物提供了生存的最后机会。

（二）自然保护区建设

自然保护区在保护生态系统的天然本底资源、维持生态平衡等多方面都有着极其重要的作用。在生物多样性保护方面，由于自然保护区很好地保护了各种生物及其赖以生存的森林、湿地等各种类型生态系统，为生态系统的健康发展以及各种生物的生存与繁衍提供了保证。自然保护区是各种生态系统以及物种的天然储存库，是生物多样性保护最为重要的途径和手段。

1. 自然保护区地址的选择

保护地址的选择，首先必须明确其保护的对象与目标要求。一般来说须考虑以下因素：

（1）典型性

应选择有地带性植被的地域，应有本地区原始的“顶极群落”，即保护区为本区气候带最有代表性的生态系统。

（2）多样性

即多样性程度越高，越有保护价值。

（3）稀有性

即保护那些稀有的物种及其群体。

（4）脆弱性

脆弱的生态系统极易受环境的改变而发生变化，保护价值较高。

另外还要考虑面积因素、天然性、感染力、潜在的保护价值以及科研价值等方面。

2. 自然保护区设计理论

由于受到人类活动干扰的影响，许多自然保护区已经或正在成为生境岛屿。岛屿生物地理学理论为研究保护区内物种数目的变化和保护的目标物种的种群动态变化提供了重要的理论方法，成为自然保护区设计的理论依据。但在一个大保护区好还是几个小保护区好等问题上，一直仍有争议，因此岛屿生物地理学理论在自然保护区设计方面的应用值得进一步研究与认识。

3. 自然保护区的形状与大小

保护区的形状对于物种的保存与迁移起着重要作用。当保护区的面积与其周长比率最大时，物种的动态平衡效果最佳，即圆形是最佳形状，它比狭长形具有较小的边缘效应。

对于保护区面积的大小，目前尚无准确的标准。主要应根据保护对象和目的，应基于物种–面积关系、生态系统的物种多样性与稳定性等加以确定。

4. 自然保护区的内部功能分区

自然保护区的结构一般由核心区、缓冲区和实验区组成，不同的区域具有不同的功能。

核心区是自然保护区的精华所在，是被保护物种和环境的核心，需要加以绝对严格保护。

核心区具有以下特点：

第一，自然环境保存完好。

第二，生态系统内部结构稳定，演替过程能够自然进行。

第三，集中了本自然保护区特殊的、稀有的野生生物物种。

核心区的面积一般不得小于自然保护区总面积的1/3。在核心区内可允许进行科学观测，在科学研究中起对照作用。不得在核心区采取人为的干预措施，更不允许修建人工设施和进入机动车辆。应禁止参观和游览的人员进入。

缓冲区是指在核心区外围为保护、防止和减缓外界对核心区造成影响和干扰所划出的区域，它有两方面的作用：

第一，进一步保护和减缓核心区不受侵害。

第二，可允许进行经过管理机构批准的非破坏性科学研究活动。

实验区是指自然保护区内可进行多种科学实验的地区。实验区内在保护好物种资源和自然景观的原则下，可进行以下活动和实验：

第一，栽培、驯化、繁殖本地所特有的植物和动物资源。

第二，建立科学研究观测站从事科学试验。

第三，进行大专院校的教学实习。

第四，具有旅游资源和景点的自然保护区，可划出一定的范围，开展生态旅游。

景观生态学的理论和方法在保护区功能区的边界确定及其空间格局等方面的应用越来越引起人们的关注。

三、我国生物多样性保护重大行动

（一）全国野生动植物保护及自然保护区建设工程总体规划

1. 总体目标

通过实施全国野生动植物保护及自然保护区工程建设总体规划，拯救一批国家重点保护野生动植物，扩大、完善和新建一批国家级自然保护区、禁猎区和种源基地及珍稀植物培育基地，恢复和发展珍稀物种资源。到建设期末，使我国自然保护区数量达到2500个（林业自然保护区数量为2000个），总面积1.728亿hm^2，占国土面积的18%（林业自然保护区总面积占国土面积的16%），形成一个以自然保护区、重要湿地为主体，布局合理、类型齐全、设施先进、管理高效、具有国际重要影响的自然保护网络。加强科学研究、资源监测、管理机构、法律法规和市场流通体系建设和能力建设，基本实现野生动植物资源的可持续利用和发展。

2. 工程区分类与布局

根据国家重点保护野生动植物的分布特点，将野生动植物及其栖息地保护总体规划在地域上划分为东北山地平原区、蒙新高原荒漠区、华北平原黄土高原区、青藏高原高寒区、西南高山峡谷区、中南西部山地丘陵区、华东丘陵平原区和华南低山丘陵区共8个建设区域。

3. 建设重点

（1）国家重点野生动植物保护

具体开展大熊猫、朱鹮、老虎（即东北虎、华南虎、孟加拉虎和印支虎）、金丝猴、藏羚羊、扬子鳄、大象、长臂猿、麝、普氏原羚、野生鹿、鹤类、野生雉类、兰科植物、苏铁保护等15个重点野生动植物保护项目建设。

（2）国家重点生态系统类型自然保护区建设

森林生态系统保护和自然保护区建设：①热带森林生态系统保护，加强12处58万hm^2已建国家级自然保护区的建设，新建保护区8处，面积30万hm^2；②亚热带森林生态系统保护，重点加强现有33个国家级自然保护区建设，新建34个国家级自然保护区，增加面积

280万hm^2；③温带森林生态系统保护，重点建设现有27处国家级自然保护区，新建16个自然保护区，面积120万hm^2。

荒漠生态系统保护和自然保护区建设：加强30处面积3860万hm^2重点荒漠自然保护区的建设，新建28处总面积为2000万hm^2的荒漠自然保护区，重点保护荒漠地区的灌丛植被和生物多样性。

（二）全国湿地保护工程实施规划

湿地为全球三大生态系统之一，“地球之肾”。湿地是陆地（各种陆地类型）与水域（各种水域类型）之间的相对稳定的过渡区或复合区、生态交错区，是自然界陆、水、气过程平衡的产物，形成了各种特殊的、单纯陆地类型和单纯深阔水域类型所不具有的复杂性质（特殊的界面系统、特殊的复合结构、特殊的景观、特殊的物质流通和能量转化途径和通道、特殊的生物类群、特殊的生物地球化学过程等），是地球表面系统水循环、物质循环的平衡器、缓冲器和调节器，具有极其重要的功能。具体表现为生命与文明的摇篮；提供水源，补充地下水；调节流量，控制洪水；保护堤岸，抵御自然灾害；净化污染；保留营养物质；维持自然生态系统的过程；提供可利用的资源；调节气候；航运；旅游休闲；教育和科研等。作为水陆过渡区，湿地孕育了十分丰富而又独特的生物资源，是重要的基因库。

1.长期目标

湿地保护工程建设的长期目标是：通过湿地及其生物多样性的保护与管理，湿地自然保护区建设等措施，全面维护湿地生态系统的生态特性和基本功能，使我国自然湿地的下降趋势得到遏制。通过补充湿地生态用水、污染控制以及对退化湿地的全面恢复和治理，使丧失的湿地面积得到较大恢复，使湿地生态系统进入一种良性状态。同时，通过湿地资源可持续利用示范以及加强湿地资源监测、宣教培训、科学研究、管理体系等方面的能力建设，全面提高我国湿地保护、管理和合理利用水平，从而使我国的湿地保护和合理利用进入良性循环，保持和最大限度地发挥湿地生态系统的各种功能和效益，实现湿地资源的可持续利用，使其造福当代、惠及子孙。

2.建设布局

根据我国湿地分布的特点，全国湿地保护工程的建设布局为东北湿地区、黄河中下游湿地区、长江中下游湿地区、滨海湿地区、东南和南部湿地区、云贵高原湿地区、西北干旱半干旱湿地区、青藏高寒湿地区。

3.建设内容

湿地保护工程涉及湿地保护、恢复、合理利用和能力建设4个环节的建设内容，它们相辅相成，缺一不可。考虑到我国保护现状和建设内容的轻重缓急，优先开展湿地的保护和恢复、合理利用的示范项目以及必需的能力建设。

（1）湿地保护工程

对目前湿地生态环境保持较好、人为干扰不是很严重的湿地，以保护为主，以避免生态进一步恶化。

自然保护区建设。我国现有湿地类型自然保护区473个，已投资建设了30多处。规划期内投资建设222个。其中，现有国家级自然保护区、国家重要湿地范围内的地方级及少量新建自然保护区共139个。

保护小区建设。为了抢救性保护我国湿地区域内的野生稻基因，需要在全国范围内建设13个野生稻保护小区。

对4个人为干扰特别严重的国家级湿地自然保护区的核心区实施移民。

（2）湿地恢复工程

对一些生态恶化、湿地面积和生态功能严重丧失的重要湿地，目前正在受到破坏、亟须采取抢救性保护的湿地，要针对具体情况，有选择地开展湿地恢复项目。

湿地生态补水。规划在吉林向海、黑龙江扎龙等12处重要湿地实施生态补水示范工程。

湿地污染控制。规划选择污染严重生态价值又大的江苏阳澄湖、溱湖，新疆博斯腾湖，内蒙古乌梁素海4处开展富营养化湖泊湿地生物控制示范，选择大庆、辽河和大港油田进行开发湿地的保护示范。

湿地生态恢复和综合整治工程。对列入国际和国家重要湿地名录，以及位于自然保护区内的自然湿地，已被开垦占用或其他方式改变用途的，规划采取各种补救措施，努力恢复湿地的自然特性和生态特征。湿地生态恢复和综合整治工程包括退耕（养）还泽（滩）、植被恢复、栖息地恢复和红树林恢复4项工程。其中退耕（养）还泽（滩）示范工程4处，总面积11万hm^2；湿地植被恢复工程7处31.6万hm^2；栖息地恢复工程13处，总面积24.3万hm^2，红树林恢复1.8万hm^2。

第四节　现代林业的生物资源与利用

一、林业生物质材料

（一）发展林业生物质材料的意义

1.节约资源、保护环境和实现经济社会可持续发展的需要

现今全世界都在谋求以循环经济、生态经济为指导，坚持可持续发展战略，从保护人类自然资源、生态环境出发，充分有效利用可再生的、巨大的生物质资源，加工制造生物质材料，以节约或替代日益枯竭、不可再生的矿物质资源材料。因此，世界发达国家都大

力利用林业生物质资源，发展林业生物质产业，加工制造林业生物质材料，以保障经济社会发展对材料的需求。

2.我国实现林农增收和建设社会主义新农村的需要

我国是一个多山的国家，山区面积占国土总面积的69%，山区人口占全国总人口的56%。近年来，我国十分重视林业生物质资源的开发，特别是在天然林资源保护工程实施以后，通过加强林业废弃物、砍伐加工剩余物以及非木质森林资源的资源化加工利用，取得显著成效，大大地带动了山区经济的振兴和林农的脱贫致富。全国每年可带动4500万林农就业，相当于农村剩余劳动力的37.5%。毫无疑问，通过生物质材料学会，沟通和组织全国科研院所，研究和开发出生物质材料成套技术，培育出生物质材料新兴产业，实现对我国丰富林业生物质资源的延伸加工，调整林业产业结构，拓展林农就业空间，增加林农就业机会，提高林农收入，改善生态环境和建设社会主义新农村具有重大战略意义。

（二）林业生物质材料发展基础和潜力

1.发展林业生物质材料产业有稳定持续的资源供给

太阳能或者转化为矿物能积存于固态（煤炭）、液态（石油）和气态（天然气）中；或者与水结合，通过光合作用积存于植物体中。对转化和积累太阳能而言，植物特别是林木资源具有明显的优势。森林是陆地生态系统的主体，蕴藏着丰富的可再生资源，是世界上最大的可加以利用的生物质资源库，是人类赖以生存发展的基础资源。森林资源的可再生性、生物多样性、对环境的友好性和对人类的亲和性，决定了以现代科学技术为依托的林业生物产业在推进国家未来经济发展和社会进步中具有重大作用，不仅显示出巨大的发展潜力，而且顺应了国家生物经济发展的潮流。近年实施的六大林业重点工程，已营造了大量的速生丰产林，目前资源培育力度还在进一步加大。此外，丰富的沙生灌木和非木质森林资源以及大量的林业废弃物和加工剩余物也将为林业生物质材料的利用提供重要资源渠道，这些都将为生物质材料的发展提供资源保证。

2.发展林业生物质材料研究和产业具有坚实的基础

长期以来，我国学者在林业生物质材料领域，围绕天然生物质材料、复合生物质材料以及合成生物质材料方面做了广泛的科学研究工作，研究了天然林木材和人工林木材及竹、藤材的生物学、物理学、化学与力学和材料学特征以及加工利用技术，研究了木质重组材料、木基复合材料、竹藤材料及秸秆纤维复合/重组材料等各种生物质材料的设计与制造及应用，研究了利用纤维素质原料粉碎冲击成型而制造一次性可降解餐具，利用淀粉加工可降解塑料，利用木粉的液化产物制备环保型酚醛胶黏剂等，基本形成学科方向齐全、设备先进、研究阵容强大、成果丰硕的木材科学与技术体系，打下了扎实的创新基础。近几年来，我国林业生物质材料产业已经呈现出稳步跨越、快速发展的态势，正经历着从劳动密集型到劳动与技术、资金密集型转变，从跟踪仿制到自主创新的转变，从实验室探索到产业化的转变，从单项技术突破到整体协调发展的转变，产业规模不断扩大，产业结构不断优化，产品质量明显提高，经济效益持续攀升。

3. 发展林业生物质材料适应未来的需要

材料工业方向必将发生巨大变化，发展林业生物质材料适应未来工业目标。生物质材料是未来工业的重点材料。生物质材料产业开发利用已初见端倪，逐步在商业和工业上取得成功，在汽车材料、航空材料、运输材料等方面占据了一定的地位。

随着林木培育、采集、储运、加工、利用技术的日趋成熟和完善，随着生物质材料产业体系的形成和建立，相对于矿物质资源材料来说，随着矿物质材料价格的不可扼制的高涨，生物质材料从根本上平衡和协调了经济增长与环境容量之间的相互关系，是一种清洁的可持续利用的材料。生物质材料将实现规模化快速发展，并将逐渐占据重要地位。

（三）林业生物质材料发展重点领域与方向

1. 主要研发基础与方向

具体产业领域发展途径是以生物质资源为原料，采用相应的化学加工方法，以获取能替代石油产品的化学资源，采用现代制造理论与技术，对生物质材料进行改性、重组、复合等，在满足传统市场需求的同时，发展被赋予新功能的新材料；拓展生物质材料应用范围，替代矿物源材料（如塑料、金属等）在建筑、交通、日用化工等领域上的使用；相应地按照材料科学学科的研究方法和基本理念，林业生物质材料学科研发基础与方向由以下7个研究领域组成。

（1）生物质材料结构、成分与性能

主要开展木本植物、禾本植物、藤本植物等生物质材料及其衍生新材料的内部组织与结构形成规律、物理、力学和化学特性，包括生物质材料解剖学与超微结构、生物质材料物理学与流体关系学、生物质材料化学、生物质材料力学与生物质材料工程学等研究，为生物质材料定向培育和优化利用提供科学依据。

（2）生物质材料生物学形成及其对材料性能的影响

主要开展木本植物、禾本植物、藤本植物等生物质材料在物质形成过程中与营林培育的关系，以及后续加工过程中对加工质量和产品性能的影响研究。在研究生物质材料基本性质及其变异规律的基础上，一方面研究生物质材料性质与营林培育的关系，另一方面研究生物质材料性质与加工利用的关系，实现生物质资源的定向培育和高效合理利用。

（3）生物质材料理化改良

主要开展应用物理的、化学的、生物的方法与手段对生物质材料进行加工处理的技术，克服生物质材料自身的缺陷，改善材料性能，拓宽应用领域，延长生物质材料使用寿

命，提高产品附加值。

（4）生物质材料的化学资源化

主要开展木本植物、禾本植物、藤本植物等生物质材料及其废弃物的化学资源转换技术研究开发，以获取能替代石油基化学产品的新材料。

（5）生物质材料生物技术

主要通过酶工程和发酵工程等生物技术手段，开展生物质材料生物降解、酶工程处理生物质原料制造环保性生物质材料、生物质材料生物漂白和生物染色、生物质材料病虫害生物防治、生物质废弃物资源生物转化利用等领域的基础研究技术开发。

（6）生物质重组材料设计与制备

主要开展以木本植物、禾本植物和藤本植物等生物质材料为基本单元进行重组的技术，研究开发范围包括木质人造板和非木质人造板的设计与制备，制成具有高强度、高模量和优异性能的生物质结构（工程）材料、功能材料和环境材料。

（7）生物质基复合材料设计与制备

主要开展以木本植物、禾本植物和藤本植物等生物质材料为基体组元，与其他有机高聚物材料或无机非金属材料或金属材料为增强体组元或功能体单元进行组合的技术研究。研究开发范围包括生物质基金属复合材料、生物质基无机非金属复合材料、生物质基有机高分子复合材料的设计与制备，满足经济社会发展对新材料的需求。

2. 重点产业领域进展

林产工业正逐步转变传统产业的内涵，采用现代技术及观念，利用林业低质原料和废弃原料，发展具有广泛意义的生物质材料的重点主题有三方面：一是原料劣化下如何开发和生产高等级产品，以及环境友好型产品；二是重视环境保护与协调，节约能源降低排出，提高经济效益；三是利用现代技术，如何拓展应用领域，创新性地推动传统产业进步。林业生物质材料已逐渐发展成4类。

（1）化学资源化生物质材料

包括木基塑料（木塑挤出型材、木塑重组人造板、木塑复合卷材、合成纤维素基塑料）、纤维素生物质基复合功能高分子材料、木质素基功能高分子复合材料、木材液化树脂、松香松节油基生物质复合功能高分子材料等。

（2）功能性改良生物质材料

包括陶瓷化复合木材、热处理木材、密实化压缩增强木材、木基/无机复合材料、功能性（如净化、保水、导电、抗菌）木基材料、防虫防腐型木材等。

陶瓷化复合木材通过国家资助，我国已逐步积累和形成了此项拥有自主知识产权的制造技术，在理论和实践上均有创新，目前处于生产性实验阶段；目前热处理木材和密实化压缩增强木材相关产品和技术在国内建有10多家小型示范生产线，产品应用在室外材料和特种增强领域。

（3）生物质结构工程材料

包括木结构用规格材、大跨度木（竹）结构材料及构件、特殊承载木基复合材料、最优组态工程人造板、植物纤维基工程塑料等。

（4）中国木基结构工程材料

在建筑领域应用已达到50万m^2以上，主要采用的是进口材料。目前国内正在构建木结构用规格材和大跨度木（竹）结构材料及构件相关标准架构，建成和再建示范性建筑约2000m^2；大型风力发电用竹结构风叶进入产业化阶段；微米长纤维轻质与高密度车用模压材料取得突破性进展等。

二、林业生物质能源

（一）林业生物质能源发展的重点领域

1. 专用能源林资源培育技术平台

生物质资源是开展生物质转化的物质基础，对于发展生物产业和直接带动现代农业的发展息息相关。该方向应重点开展能源植物种质资源与高能植物选育及栽培。针对目前能源林单产低、生长期长、抗逆性弱、缺乏规模化种植基地等问题，结合林业生态建设和速生丰产林建设，加速能源植物品种的遗传改良，加快培育高热值、高生物量、高含油量、高淀粉产量优质能源专用树种，开发低质地上专用能源植物栽培技术，并在不同类型宜林地、边际性土地上进行能源树种定向培育和能源林基地建设，为生物质能源持续发展奠定资源基础。能源林主要包括木质纤维类能源林、木本油料能源林和木本淀粉类能源林3大类。

（1）木质纤维类能源林

以利用林木木质纤维直燃（混燃）发电或将其转化为固体、液体、气体燃料为目标，重点培育具有大生物量、抗病虫害的柳树、杨树、桉树、栎类和竹类等速生短轮伐期能源树种，建立配套的栽培及经营措施；解决现有低产低效能源林改造恢复技术，优质高产高效能源林可持续经营技术，绿色生长调节剂和配方施肥技术，病虫害检疫和预警技术。加强沙生灌木等可在边际性土地上种植的能源植物新品种的选育，优化资源经营模式，提高沙柳、柠条等灌木资源利用率，建立沙生灌木资源培育和能源化利用示范区。

（2）木本油料能源林

以黄连木、油桐、麻疯树、文冠果等主要木本燃料油植物为对象，大力进行良种化，解决现有低产低效林改造技术和丰产栽培技术；加快培育高含油量、抗逆性强且能在低质地生长的木本油料能源专用新树种，突破立地选择、密度控制、配方施肥等综合培育技术。以公司加农户等多种方式，建立木本油料植物规模化基地。

(3) 木本淀粉类能源林

以提制淀粉用于制备燃料乙醇为目的，进行非食用性木本淀粉类能源植物资源调查和利用研究，大力选择、培育具有高淀粉含量的木本淀粉类能源树种，在不同生态类型区开展资源培育技术研究和高效利用技术研究。富含淀粉的木本植物主要是壳斗科、禾本科、豆科、蕨类等，主要是利用果实、种子以及根等。重点研究不同种类木本淀粉植物的产能率，开展树种良种化选育，建立木本淀粉类能源林培育利用模式和产业化基地，加强高效利用关键技术研究。

2. 林业生物质热化学转化技术平台

热化学平台研究和开发目标是将生物质通过热化学转化成生物油、合成气和固体碳。尤其是液体产品，主要作为燃料直接应用或升级生产精制燃料或者化学品，替代现有的原油、汽油、柴油、天然气和高纯氢的燃油和产品。另外，由于生物油中含有许多常规化工合成路线难以得到的有价值成分，它还是用途广泛的化工原料和精细日化原料，如可用生物原油为原料生产高质量的黏合剂和化妆品；也可用它来生产柴油、汽油的降排放添加剂。热化学转化平台主要包括热解、液化、气化和直接燃烧等技术。

3. 林业生物质糖转化技术平台

糖平台的技术目标是要开发使用木质纤维素生物质来生产便宜的，能够用于燃料、化学制品和材料生产的糖稀。降低适合发酵成酒精的混合糖与稀释糖的成本。国家再生能源实验室对可由戊糖和己糖生产的300种化合物，根据其生产和进一步加工高附加值化合物的可行性进行了评估和筛选，提出了30种候选平台化合物，并从中又筛选出12种最有价值的平台化合物。但是，制约该平台的纤维素原料的预处理以及降解纤维素为葡萄糖的纤维素酶的生产成本过高、戊糖/己糖共发酵菌种等瓶颈问题尚未突破。

（二）林业生物质能源主要研究方向

1. 能源林培育

重点培育适合能源林的柳树、杨树和桉树等速生短轮伐期品种，建立配套的栽培及经营措施；在木本燃料油植物树种的良种化和丰产栽培技术方面，以黄连木、油桐、麻疯树、文冠果等主要木本燃料油植物为对象，大力进行良种化，解决现有低产低效林改造技术；改进沙生灌木资源培育建设模式，提高沙柳、柠条等灌木资源利用率，建立沙生灌木资源培育和能源化利用示范区。

2. 燃料乙醇

重点加大纤维素原料生产燃料乙醇工艺技术的研究开发力度，攻克植物纤维原料预处理技术、戊糖/己糖联合发酵技术，降低酶生产成本，提高水解糖得率，使植物纤维基燃料乙醇生产达到实用化。在华东或东北地区进行以木屑等木质纤维为原料生产燃料乙醇的中试生产；在木本淀粉资源集中的南方省（自治区）形成燃料乙醇规模化生产。

3.生物柴油

重点突破大规模连续化生物柴油清洁生产技术和副产物的综合利用技术，形成基于木本油料的具有自主知识产权、经济可行的生物柴油生产成套技术；开展生物柴油应用技术及适应性评价研究。在木本油料资源集中区开展林油一体化的生物柴油示范。并根据现有木本油料资源分布以及原料林基地建设规划与布局，形成一定规模的生物柴油产业化基地。

第五节　森林文化体系建设

一、我国森林文化建设取得的主要经验

（一）政府推动，社会参与

森林生态文化体系建设是一项基础性、政策性、技术性和公众参与性很强的社会公益事业。各级政府积极倡导和组织生态文化体系建设，把生态文化体系建设纳入当地国民经济和社会发展中长期规划，充分发挥政府在统筹规划、宏观指导、政策引导、资源保护与开发中的主体地位和主导作用，通过有效的基础投入和政策扶持，促进市场配置资源，鼓励多元化投入，实现有序开发和实体运作。这既是经验积累，也是发展方向。全社会广泛参与是生态文化体系建设的根本动力，大幅度提高社会公众的参与程度，是生态文化体系建设的重要目标。要把培育和增强民众的生态意识、生态伦理、生态道德和生态责任列为构建生态文明社会的重要标志，将全省范围内的所有城市公园免费向公众开放，让美丽的山水、园林、绿地贴近市民，深入生活，营造氛围，陶冶情操，收到事半功倍的良好效果。

（二）林业主导，工程带动

森林、湿地、沙漠三大陆地生态系统，以及与之相关的森林公园、自然保护区、乡村绿地、城市森林与园林等是构建生态文化体系的主要载体，涉及诸多行业和部门。林业部门是保障国体生态安全，实施林业重大生态工程的主管部门，在生态文化体系建设中发挥着不可替代的主导地位和作用。这是确保林业重点工程与生态文化建设相得益彰，协调发展的基本经验。广州市在创建森林城市活动中，以实施“青山绿水”工程为切入点，林业主导，各业协同，遵循“自然与人文相宜，传统与现代相兼，生态建设与文化建设相结合”的原则，精心打造城市生态体系，不仅提升了城市品位和魅力，而且促进了全市生产

方式、生活方式、消费观念和生态意识的变化。

（三）宣传教育，注重普及

森林生态文化重在传承弘扬，贵在普及提高。各地通过各种渠道开展群众喜闻乐见的生态文化宣传普及和教育活动。一是深入挖掘生态文化的丰富内涵。如林业厅经常组织著名文学艺术家、画家、摄影家等到林区采风，通过新闻媒体和精美的影视戏剧、诗歌散文等作品，宣传普及富有当地特色的生态文化，让广大民众和游客更加热爱祖国、热爱家乡、热爱自然。二是以各种纪念与创建活动为契机开展生态文化宣教普及。各地普遍运用群众，特别是青少年和儿童参与性、兴趣性、知识性较强的植树节、爱鸟周、世界地球日、荒漠化日等纪念日和创建森林城市活动，潜移默化，寓教于乐。三是结合旅游景点开展生态文化宣传教育活动。四是建立生态文化科普教育示范基地。各地林业部门与科协、教育、文化部门联合，依托当地的自然保护区、森林公园、植物园，举办知识竞赛，兴办绿色学校，开办生态夏令营，开展青年环保志愿行动和绿色家园创建活动。

二、森林文化建设行动

（一）森林制度文化建设行动

为使生态文化建设走上有序化、法制化、规范化轨道，必须尽快编制规划，完善政策法规，构建起生态文化建设的制度体系。

1.开展战略研究，编制建设规划

开展森林文化发展战略研究，是新形势提出的新任务。战略研究的内容应该包括森林文化建设与发展的各个方面，尤其是从战略的高度，系统深入地研究影响经济社会和现代林业发展全局和长远的森林文化问题，如战略思想、目标、方针、任务、布局、关键技术、政策保障，指导全国的生态文化建设。建议选择在生态文化建设有基础的单位和地区作为试点，然后总结推广。

2.完善法律法规，强化制度建设

在条件成熟的情况下，逐步出台和完善各项林业法规，如《森林法》《国家森林公园管理条例》《野生动物保护法》等，做到有法可依、有法必依、执法必严、违法必究。提高依法生态建设的水平，为生态文明提供法制保障。在政策、财税制度方面给森林文化建设予以倾斜和支持，特别是基础设施和条件建设方面给予支持。鼓励支持生态文化理论和科学研究的立项，制定有利于生态文化建设的产业政策，鼓励扶持新型生态文化产业发展，尤其要鼓励生态旅游业等新兴文化产业的发展。建立生态文化建设的专项经费保障制度，生态文化基础设施建设投入纳入同级林业基本建设计划，争取在各级政府预算内基本建设投资中统筹安排解决等。逐步建立政府投入、民间融资、金融信贷扶持等多元化投入机制，从而使森林文化的建设成果更好地为发展山区经济、增加农民收入、调整林区产业结构、满足人民文化需求服务。

3. 理顺管理体制，建立管理机构

结合新形势和新任务的实际需要，设立生态文化相关管理机构。加强对管理人员队伍生态文化的业务培训，提高人员素质。加快生态文化体系建设制度化进程。生态文化体系建设需要规范的制度做保障。建立和完善各级林业部门新闻发言人、新闻发布会、突发公共事件新闻报道制度，准确及时地公布我国生态状况，通报森林、湿地、沙漠信息。建立生态文化宣传活动工作制度，及时发布生态文化建设的日常新闻和重要信息。理顺各相关部门在森林文化建设中的利益关系，均衡利益分配，促进森林文化的持续健康发展。

（二）发展森林文化产业行动

大力发展生态文化产业，各地应突出区域特色，挖掘潜力，依托载体，延长林业生态文化产业链，促进传统林业第一产业、第二产业向生态文化产业升级。

1. 丰富森林文化产品

既要在原有基础上做大做强山水文化、树文化、竹文化、茶文化、花文化、药文化等物质文化产业，也要充分开发生态文化资源，努力发展体现人与自然和谐相处这一核心价值的文艺、影视、音乐、书画等生态文化精品。丰富生态文化的形式和内容。采取文学、影视、戏剧、书画、美术、音乐等丰富多彩的文化形态，努力在全社会营造爱护森林、保护生态、崇尚绿色的良好氛围。大力发展森林旅游、度假、休闲、游憩等森林旅游产品，以及图书、报刊、音像、影视、网络等生态文化产品。

2. 提供森林文化服务

大力发展生态旅游，把生态文化建设与满足人们的游憩需求有机地结合起来，把生态文化成果充实到旅游产品和服务之中。同时，充分挖掘生态文化培训、咨询、网络、传媒等信息文化产业，打造森林氧吧、森林游憩和森林体验等特色品牌。有序开发森林、湿地、沙漠自然景观与人文景观资源，大力发展以生态旅游为主的生态文化产业。鼓励社会投资者开发经营生态文化产业，提高生态文化产品规模化、专业化和市场化水平。

（三）培育森林文化学科与人才行动

1. 培育森林文化学科

建议支持设立专项课题，组织相关专家学者，围绕构建人与自然和谐的核心价值观，加强生态文化学术研究，推动生态文化学科建设。在理论上，对于如何建设中国特色生态文化，如何在新的基础上继承和发展传统的生态文化，丰富、凝练生态价值观，需要进一步开展系统、深入的课题研究。重点加强生态变迁、森林历史、生态哲学、生态伦理、生态价值、生态道德、森林美学、生态文明等方面的研究和学科建设。支持召开一些关于生态文化建设的研讨会，出版一批学术专著，创办学术期刊，宣传生态文化研究成果。在对我国生态文化体系建设情况进行专题调查研究和借鉴学习国外生态文化建设经验的基础上，构建我国生态文化建设的理论体系，形成比较系统的理论框架。

2. 培养森林文化人才

加强生态文化学科建设、科技创新和教育培训，培养生态文化建设的科学研究人才、经营管理人才，打造一支专群结合、素质较高的生态文化体系建设队伍。各相关高等院校、科研院所和学术团体应加强合作，通过合作研究、合作办学等多种形式，加强生态文化领域的人才培养；建立生态文化研究生专业和研究方向，招收硕士、博士研究生，培养生态文化研究专业或方向的高层次人才；通过开展生态文化项目研究，提高理论研究水平，增强业务素质。

3. 推进森林文化国际交流

扩大开放，推进国际生态文化交流。开展生态文化方面的国际学术交流和考察活动，建立与国外同行间的友好联系；推动中国生态文化产业的发展，向国际生态文明接轨，提高全民族的生态文化水平；加强生态文化领域的国际合作研究，促进东西方生态文化的交流与对话；推进生态文化领域的国际化进程，在中国加快建设和谐社会中发挥生态文化应有的作用。

第三章　现代林业的生态建设

第一节　现代林业的生态环境建设发展战略

一、林业生态环境建设的发展战略指导

（一）林业生态环境建设发展战略的指导思想

建立以生态环境建设为主体的林业发展战略，总的指导思想可以表述为：适应时代的要求，以环境与发展为主题，从我国林业的实际出发，以满足社会对林业的多种需求为目的，以可持续发展理论为指导，以全面经营的森林资源为物质基础，以突出生态环境效益，实现生态、经济和社会三大效益的统一和综合发挥为目标，以科教兴林为动力，以建立林业的大经营、大流通、大财经为重点，以分类、分区、分块经营和重点工程建设为途径，以系统协同为关键，确立和实施以生态环境建设为主体的新林业发展战略，实现我国林业的跨越式发展。

1.适应时代的要求

林业的发展必须跟上时代的步伐，建立新的林业发展战略必须适应当今时代特征的要求。当今时代的主要特征体现在以下方面：

（1）知识经济初露端倪，“新经济”时代已经来临

知识经济是建立在知识生产和消费基础上的经济，是低消耗、高效益的经济，高技术和信息产业将在经济中占主导地位：而“新经济”就是由一系列的新技术革命，特别是信息技术革命所推动的经济增长。以知识经济为基础的新经济，正在改变社会的生产和生活方式，突破了传统体制的束缚，促进着包括林业在内的经济社会的持续、稳定和协调发展。

（2）经济全球化

经济全球化是经济国际化的高级形式，意味着国际上分散的经济活动日益走向一体化。其基本特征就是国际生产和功能一体化，它不仅表现在市场、消费形式和投资上，也表现在对森林与环保的关注上。知识经济（新经济）与经济全球化是相互作用、相互促进的。

（3）市场经济和现代林业

我国已实现了由计划经济体制向社会主义市场经济体制的根本性转变，并还在逐渐完善中，我国林业正在由传统林业向现代林业转变。建立以生态环境建设为主体的新林业发展战略时必须与这些时代特征相适应。

2. 以环境与发展为主题

环境与发展是当今国际社会普遍关注的重大问题。保护生态环境，实现可持续发展已成为全世界紧迫而又艰巨的任务，直接关系到了人类的前途和命运。森林是实现环境与发展相统一的关键和纽带，这已成为当今国际社会的普遍共识。林业肩负着优化生态环境与促进经济发展的双重使命，在实现可持续发展中的战略地位显得越来越重要。

3. 以满足社会对林业的多种需求为目的

发展林业的根本目的是满足社会需求。社会对林业的需求是多方面的，不仅有对木材和其他有形林产品的需求，还有对森林生态服务这种无形产品的需求。当前经济社会发展对生态环境的要求越来越高，对改善生态环境的要求越来越迫切，生态环境需求已成为社会对林业的主导需求。建立新的林业发展战略，必须充分体现满足社会对林业的多种需求的要求，把培育、管护和发展森林资源、维护国土生态安全、保护生物多样性和森林景观、森林文化遗产等生态环境建设任务作为林业的首要工作和优先职责，力争到21世纪中叶建立起生态优先、协调发挥三大效益的比较完备的林业生态体系和比较发达的林业产业体系。

4. 以可持续发展理论为指导

可持续发展思想是20世纪留给我们的最宝贵的精神财富，它反映了全人类实现可持续发展的共同心愿，推动了可持续发展理论的产生和发展，对经济社会发展具有重大的指导作用。可持续发展理论较之传统经济增长理论有了质的飞跃，它不仅包含了数量的增加，还包含了质量的提高和结构的改善。它不仅在空间地域上考虑了局域利益，还考虑了全域利益；不仅在时间推移上考虑了当代人的利益，还考虑了后代人的利益；不仅考虑了个别部门、行业单位、个别活动的利益，还考虑了所有部门、行业单位、全部活动的利益。

它是多维全方位发展和系统场运行理论，不产生系统外部的不经济性与不合理性。在这一理论指导下，林业的可持续发展或可持续林业应该是在对人类有意义的时空活动尺度上不产生外部不经济性、不合理性的林业，是在森林永续利用理论基础上的新发展和质的飞跃。因此，在建立新的林业发展战略时必须承认可持续发展理论的指导地位。

此外，建立以生态环境建设为主体的新林业发展战略的理论基础是多方面的，是一个庞大的理论体系。生态经济特别是森林生态经济理论，是生态与经济的耦合理论，是以生态利用为中心，综合发挥森林的生态、经济、社会三大效益的理论；现代林业理论是建立在森林生态经济学基础之上的林业发展理论，它是可持续发展理论在林业发展上的具体化，是在满足人类社会对森林的生态需求基础上，充分发挥森林多种功能的林业发展理论。它们对以生态环境建设为主体的新林业发展战略具有直接的和具体的指导作用。

5.以全面经营的森林资源为物质基础

森林是陆地生态系统的主体，森林资源是陆地森林生态系统内一切被人类所认识并且可供利用的资源总称，它包括森林、散生木（竹）、林地以及林区内其他植物、动物、微生物和森林环境等多种资源。森林资源是林业赖以存在和发展的物质基础，林业承担着培育、管护和发展森林资源，保护生物多样性、森林景观、森林文化遗产和提供多种林产品的根本任务，其中第一位的或处于基础地位的是培育、管护和发展森林资源，不完成这一任务，其他任务都无从完成。因此，建立以生态环境建设为主体的新林业发展战略时，必须清楚地认识到森林资源经营的基础地位。

同时，又必须充分地认识到，森林资源是由多种资源构成的综合资源系统，林木资源虽然是其主体资源，但又远不是森林资源的全部，除林木资源以外的其他资源，不仅具有重要价值且大量存在，不予开发利用是一种巨大的浪费，而且它们又是森林生态系统的重要有机组成部分，不管护和经营好这些资源也绝不能真正搞好森林生态环境建设，形成稳定、高效、良性循环的森林生态系统。以往长期搞单一林木资源和单一木材生产的林业带给我们的是资源危机、经济危困、生态恶化，教训是惨痛的，不能不深刻吸取。因此，在建立以生态环境建设为主体的新林业发展战略时又必须清醒地认识到要以全面经营的森林资源为物质基础，绝不能再走单一经营的老路。

（二）林业生态环境建设发展战略的原则和依据

发展战略应遵循的主要原则如下：

（1）适应时代要求原则

主要是新经济时代（知识经济、信息经济）要求、经济全球化要求、环境与发展需求、社会主义市场经济要求以及现代林业要求。

（2）可持续发展原则

主要是在时间、空间、活动三维上不产生外部不经济性的快速、健康协调发展原则。

（3）生态优先原则

主要体现了森林是陆地生态系统的主体，林业是生态环境建设的主体，是从事维护国土生态安全，促进经济社会可持续发展，以向社会提供森林生态服务为主的行业，承担着培育、管护和发展森林资源，保护物种多样性、森林景观、森林文化遗产和提供多种林产品的根本任务，肩负着优化生态环境与促进经济发展的双重使命这一林业新的定位要求。

（4）系统原则

主要是贯彻系统论思想，把林业置于整个国民经济发展和社会进步的大环境中进行考

虑，把林业作为一个森林生态经济社会系统进行考虑，把林业行业融入区域经济、社会综合发展中进行考虑，把我国林业建设与经济全球化和人类生存与发展结合起来进行考虑。

（三）林业生态环境建设的发展战略设计

按照上述确立以生态环境建设为主体的林业发展战略的指导思想、原则和依据，对林业生态环境建设发展战略做如下设计：

第一，体现时代特征（新经济时代、经济全球化、环境与发展、社会主义市场经济和现代林业）的要求，并以邓小平理论、可持续发展理论、森林生态经济理论、森林资源经济理论、现代林业理论、社会主义市场经济理论以及系统论为理论指导。

第二，林业生态环境建设发展战略的基本特征是：林业发展要以生态环境建设为主体，建立战略目标动态体系，包括确立总体系统战略目标并分解落实到各子系统的具体战略目标。

第三，建立起比较完备的林业生态体系和比较发达的林业产业体系，这是到21世纪中叶林业发展的总体战略目标。

二、林业生态环境建设发展战略的具体实施

（一）林业生态环境建设发展战略实施的过程及要点

1.林业生态环境建设发展战略实施的过程

（1）林业生态环境建设发展战略的发动

以生态环境建设为主体的大经营、大流通、大财经的三位一体的林业发展战略体现了全民、全社会、全方位保护，发展、利用森林资源，改善生态环境，促进经济发展的强烈意志和愿望。该战略的实施过程首先是一个全民、全社会的动员过程，是具有中国特色的“群众运动”。要搞好新战略的宣传教育和培训，使全民、全社会对此有充分的认识和理解，帮助他们认清形势，看到传统林业发展的弊病，看到新林业发展战略的美好前景，切实增强实施新林业发展战略的紧迫感和责任感。要用林业发展战略的新思想、新观念、新知识，改变传统的思维方式、生产方式、消费方式，克服不利于林业发展战略实施的旧观念、旧思想，从整体上转变全民、全社会的传统观念和行为方式，调动起他们为实现林业发展战略的美好蓝图而努力奋斗的积极性和主动性。搞好发动是林业发展战略实施的首要环节。

（2）林业生态环境建设发展战略的规划

林业生态环境建设发展战略规划是将林业视为一个整体，为实现林业发展战略目标而制订的长期计划，这是林业发展战略实施的重要一环。林业发展战略总体上可以分解成几个相对独立的部分来加以实施，即两大产业体系（林业生态体系和林业产业体系）：两大

工程（天然林保护工程、人工林基地建设工程）；三大经营管理体系（大经营、大流通、大财经）；五大区域（林区、农牧区、工矿区、城镇区、荒漠沙区）。每个部分都有各自的战略目标、相应的政策措施、策略及方针等。为了更好地实施新林业发展战略，必须制订战略规划。新林业发展战略的规划是进行战略管理、联系和协调总体战略和分部战略的基本依据；是防止林业生产经营活动发生不确定性事件，把风险减少到最低程度的有效手段；是减少森林资源浪费、提高其综合效益的科学方法；是对新林业发展战略的实施过程进行控制的基本依据。

（3）林业生态环境建设发展战略的落实

林业发展战略落实是该战略制定后的重要工作。离开了战略落实，战略制定只能是“纸上谈兵”，所确定的战略目标根本无法实现，而离开了战略目标，战略落实也会失去方向，陷入盲目性，严重的会影响到林业的可持续发展。林业生态环境建设发展战略的落实应当包括建立组织机构、建立计划体系、建立控制系统、建立信息系统。

2.实施林业生态环境建设发展战略的要点

（1）核心问题是发展林业，关键问题是以生态环境建设为主体

林业生态环境建设发展战略运用邓小平“发展才是硬道理”的理论，把加快林业发展作为战略的核心。如何发展林业，必须根据国情、林情，制定出切实可行、行之有效的方案、步骤和措施，而突出以生态环境建设为主体则是林业发展战略实施的显著特色。

（2）应将人口、资源、环境和社会、经济、科技的发展作为统一的整体

中国庞大的人口基数和每时每刻新增的大量人口给经济、社会、资源和环境带来了越来越大的压力，这是新林业发展战略实施必须面对的问题。要通过坚持计划生育，大力发展教育，控制人口数量，提高人口质量，妥善解决好这一问题，使人口压力变为新林业发展战略实施的人力资源优势。新林业发展战略的实施不仅要注意到经济、社会、资源、环境的相互关系与相互影响，还要充分考虑到如何在经济和社会发展过程中利用科技力量很好地解决对资源和环境的影响等问题。

（3）应从立法、机制、教育、科技和公众参与等方面制定方案和采取措施

加快社会经济领域有关林业的立法，完善森林资源和环境保护的法律体系：加快体制改革，调整政府职能，建立有利于林业发展的综合决策机制、协调管理运行机制和信息反馈机制；优化教育结构，提高教育水平，加大科技投入，推广科研成果，创造条件鼓励公众参与新林业发展战略的实施，这些都是不容忽视的重大问题。

（二）林业生态环境建设发展战略实施的原则和内容

1.林业生态环境建设发展战略实施的原则

（1）坚定方向原则

林业生态环境建设发展战略所要实现的战略目标是使我国林业建设以生态环境建设为

主体，建立起比较完备的林业生态体系和比较发达的林业产业体系，真正发挥林业在生态环境建设中的主体作用，进而有效改善生态环境。这是全局的、长远的发展思路和最终目标，为我国林业发展指明了方向。必须坚定这个方向，增强实施林业战略的信心，不能由于实施过程中局部出现的暂时困难而动摇实施林业生态环境建设发展战略的决心。只要暂时的、局部性的问题还处于允许的范围之内，就应当坚定不移地继续按林业生态环境建设发展战略的既定方针办。

（2）保持弹性原则

林业生态环境建设发展战略的实施涉及全民、全社会，需要长期实施。因此，不但要求新战略的目标具体化，而且必须有严密的战略实施计划和步骤。但是，由于林业生产经营环境多变，影响林业生态环境建设发展战略实施的因素十分复杂，所以实施计划应当是有弹性的，允许有一定的灵活性和调整余地，这会使周密的实施计划经过必要及时的调整，更加符合林业发展实际，更好地实现林业生态环境建设发展战略的目标。

（3）突出重点原则

林业生态环境建设发展战略的实施事关林业发展全局，它所面临的问题和要解决的事情非常多，也非常复杂。在新战略实施过程中，如果事无巨细，不分主次，结果往往会事倍功半。只有突出重点，抓住对全局有重大影响的问题和事件，才能取得事半功倍之效果，实现预期的整体战略目标。

2.林业生态环境建设发展战略实施的内容

（1）建立组织系统

林业生态环境建设发展战略是通过组织来实施的。组织系统是组织意识和组织机制赖以存在的基础。为了实施林业生态环境建设发展战略，必须建立相应的组织系统。建立的基本原则是组织系统要服从新战略，是为新战略服务的，是实施林业生态环境建设发展战略并实现预期目标的组织保证。

建立组织系统要根据林业生态环境建设发展战略实施的需要，选择最佳的组织系统。系统内部层次的划分，各个单位权责的界定、管理的范围等，必须符合林业生态环境建设发展战略的要求。要求各层次、各单位、各类人员之间联系渠道要畅通，信息传递要快捷、有效，整体协调好，综合效率高。

（2）建立计划系统

林业生态环境建设发展战略实施计划是一个系统。系统中各类计划按计划的期限长短可分为长期计划、中期计划和短期计划：按计划的对象可分为单项计划和综合计划；按计划的作用可分为进入计划、撤退计划和应急计划。上述种种计划，在林业生态环境建设发展战略实施中都要有所体现。在建立林业生态环境建设发展战略实施计划系统中，一定要明确战略实施目标、方案，确定各阶段的任务及策略，明确资源分配及资金预算。建立计划系统是一个复杂过程。只有认真地建好这一系统，才能保证战略的有效实施。

（3）建立控制系统

为了确保林业生态环境建设发展战略的顺利实施，必须对战略实施的全过程进行及时、有效的监控。控制系统的功能就是监督战略实施的进程，将实际成效与预定的目标或标准相比较，找出偏差，分析原因，采取措施。建立控制系统是林业生态环境建设发展战略实施的必然要求。因为在林业生态环境建设发展战略实施过程中，其所受的自然、社会因素影响非常复杂，使战略实施的实际情况与原来的设计与计划存在着种种差异，甚至是很大的差异。如果对这种情况没有进行及时的跟踪监测和评价分析，而是在发现偏差后才采取相应的对策，林业生态环境建设发展战略的实施将会无法保证。

（三）林业生态环境建设发展战略实施的环境和框架

1.林业生态环境建设发展战略实施的环境

（1）林业生态环境建设发展战略实施的社会政治环境

林业生态环境建设发展战略实施的社会政治环境是指以生态环境建设为主体的林业发展的社会政治因素，以及对森林的价值取向和由此引发的因素，个人对生态林业发展的态度，以及政府对林业发展的制度设计。人口数量不断增长，人民生活水平不断提高，人类对各类林产品及森林生态系统的环境服务需求也在不断扩大，这不仅要求林业提供越来越多的林产品，还要求林业对退化的生态系统进行改造、重建，维持森林生态系统的完整性。

社会政治环境正是通过上述影响来促进林业的不断发展的。林业生态环境建设发展战略突出的问题是以生态环境建设为主体以及林业生态环境建设发展战略的实施，其需要与社会政治环境相协调，取得政府和公众的积极支持和参与，使以生态环境建设为主体的林业发展战略有一个适宜的、良好的外部环境。

（2）林业生态环境建设发展战略实施的经济技术环境

林业生态环境建设发展战略实施的经济技术环境是指林业生态环境建设发展战略实施过程中所依赖的经济条件与技术体系所构成的综合环境。从经济方面考虑，林业的地位和作用取决于国民经济发展水平，较低的经济发展水平和综合国力自然要求林业侧重发挥经济功能。没有坚实的经济基础，实施以生态环境建设为主体的林业发展战略就会有很大的难度。根据目前我国林业发展的形势，要想优先突出生态环境的建设，就必然需要巨额的资金作为保证。近年来，由于我国经济发展比较稳定，十大林业生态体系建设工程陆续付诸实施。从技术方面来看，林业科学技术的发展，不仅可以提高林业生产力，还可以极大地提高林业综合开发能力，促进生态功能的发挥。因此，建立以生物工程技术为基础的育林技术体系，以森林生态系统经营为核心的现代林业管理决策体系，以及以林产品深加工为主的利用技术系统对于促进林业生态环境建设发展战略的实施具有特殊重要的意义。

2. 林业生态环境建设发展战略的实施框架

（1）林业生态环境建设战略实施的3个层次

①中央政府（国家）是实施的主导

中央政府对新战略实施要发挥综合引导和多方协调的作用。为此，国务院应成立专门的领导小组，成员由国务院有关部、委、办、局组成，下设领导小组办公室。林业生态环境建设发展战略实施工作受领导小组的直接领导。战略实施过程中有关具体事项由领导小组办公室具体组织。

②地方政府是林业生态环境建设发展战略实施的关键

实施林业生态环境建设发展战略的重点在地方，地方政府要充分考虑本地区的实际情况，针对本地区社会、经济、人口、资源、环境等具体情况，制订具体的可操作的行动计划。同时，地方政府也要成立类似国家实施新战略的专门领导小组和办公室，有的地方还可以突出实施新战略中的优势项目，建立项目领导协调小组。地方政府在实施林业生态环境建设发展战略过程中，要根据战略总目标结合本地区实际特点，负责编制当地的发展规划，筛选地方的优势项目，并将其纳入地方政府和社会经济发展计划，培训林业生态环境建设发展战略实施的专业技术人员，做好地区内外的信息交流。

③社区、企业和团体是林业生态环境建设发展战略实施的主体

实施林业生态环境建设发展战略时，要充分认识到社区和企业所起的重要作用，也要充分认识到公众和社团参与的重要性。只有如此，才能体现出全民、全社会、全方位的以生态环境建设为主体的林业建设，才能实现出林业生态环境建设发展战略各阶段的各项目标。

（2）林业生态环境建设战略实施的几个方面

①将林业生态环境建设发展战略实施的基本内容系统地体现在各级政府的国民经济和社会发展规划和计划之中

众所周知，国民经济计划是各级政府进行宏观调控的主要手段，必然也是推动新林业发展战略实施的基本措施。在全国林业规划的基础上，国家有关部门和各地区也要分别制订本部门、本行业、本地区实施新林业发展战略的行动计划或战略安排，并将其纳入各有关部门和各地区的发展规划和计划中，以保证林业生态环境建设发展战略的实施有条不紊、富有实效。

②加强有关林业生态环境建设发展战略实施的立法工作

全国人大和国务院在制定新的法律法规的同时，修订了大量的法律、法规。这些法律法规大都将社会和经济的可持续发展作为立法的基本原则，并将资源（以森林资源为主）

和环境（以生态环境为主）保护等作为具体条款。1997年修改后的《中华人民共和国刑法》专门增加了若干污染环境破坏资源的刑事处罚条款。可以说，目前已初步形成了与实施林业生态环境建设发展战略相关的法律法规体系。不断补充、修订、充实、完善与以生态环境建设为主体的新林业发展战略相关联的法律法规，不断健全执法机构，加大行政执法力度，加强社会和公众的监督，对林业生态环境建设发展战略的实施将起着积极的推动作用。

③加强林业生态环境建设发展战略的宣传和教育，促进公众参与

实施林业生态环境建设发展战略，各级政府和有关部门要举办各种类型的培训班，提高认识，中小学教材中应增加爱林护林、保护生态环境的内容，大专院校、科研院所应开展生态、环保方面的科学研究，新闻媒体应展开一系列的与林业生态环境建设发展战略相关的宣传活动。诸如全国绿化日、水日、气象日、卫生日等。这些活动的开展对于提高全民、全社会的生态意识和造林绿化意识，促进公众参与实施林业生态环境建设发展战略有非常重要的意义。

第二节　现代林业生态建设的关键技术

一、现代林业建设的关键技术

（一）优良种质资源开发利用技术

1.组织开展对乡土树种种质资源的清查

在以前种质资源清查工作的基础上深入系统清查，进一步摸清家底，使更多的优良乡土树种及种内的优良群体和个体被认识、被挖掘，为乡土树种种质资源的有效保存和合理利用提供实物基础和技术依据。

2.开展高功效绿化植物材料选择与推广

应根据不同区域的地理气候条件，有目的地开展树种生态防护效能研究，选择高效能生态树种。同时，开展不同繁殖材料生态特性、景观效果差异性研究，根据城市森林培育目标，选择和推广优良繁殖材料。据观察，雪松、悬铃木等常见绿化树种的扦插苗与实生苗所形成的树木，其形态特性有所不同。同一树种扦插苗与实生苗形成的林木相比，生命力较弱、寿命较短，同时扦插苗的林木树冠较不完整，叶量较少，形态上也不如实生苗的美观，因此，城市中的绿化苗应尽量采用实生苗，同时还要加强对林木不同繁殖材料的特性研究，为城市绿化提供优质材料。

建立乡土树种种质资源库，研究不同树种保存方式。根据资源繁殖方式和种子类型的

不同及群体变异的自然规律，研究选择就地保存、迁地保存、离体保存（包括种子储藏和组织培养，其中后者又包括培养物的反复继代培养和超低温保存）、基因文库保存（包括叶片或其他组织的液氨保存，珍稀野生濒危具有特殊性状种质资源DNA的提取分离与保存及其他形式或植物基因材料的保存）等；研究不同乡土树种种质资源分类保存的样本策略、森林遗传资源保存与评价，管理与利用的技术体系有遗传多样性测定技术、表型多样性测定技术等。

（二）景观生态林的优化配置与持续经营技术

城市林业生态建设的最终目标是建立“健康、稳定、高效、优美”的城市森林，根据城市定位，要加快研究“景观优美的风景林、健康舒适的游憩林、结构科学的防风固沙水土保持林、功能强大的水源涵养林、功能效益相宜的农林复合林”的配置技术。通过森林抚育、封山育林、定位观测、跟踪调查、试验示范等研究，系统提出各种功能区的低质林更新改造技术，系统提出增加地表覆盖、改善土壤理化性质、提高土壤缓冲容量的综合措施；把低质低效森林植被尽快转化为系统结构稳定、功能高效的生态防护林或风景游憩林的成套综合的植被建设改造技术，提高低质低效森林植被的防护与景观功能，系统提出植被定向恢复技术。

1. 风景林优化配置

研究符合人文景观要求的林木景观空间格局配置：突出城市绿化的防护林局部区段个性化、特殊区段的功能性，以研究建设生态城市、开展节水型城市绿化工程为特色；以通过研究树种混交的空间结构来实现城市绿化的最佳景观配置为特色。林木景观优化配置和功能优化配置即研究不同特点通道、城郊区域的林木景观优化配置、功能优化配置，体现城市特色、四季美观、文化休憩和生态多功能。如聚居区周边的防风滤尘减噪绿化配置；高速通道两边的隔音滤尘绿化配置；典型通道的标志性林木景观配置（如假设有银杏大道、金柿走廊等）；城郊厂区周边（特别是垃圾处理区）的绿化隔离配置等。

林分结构配置：贯彻人工林近自然管理和模式林业的理念，研究各个主要造林树种的混交方式、混交方法和混交比例，既研究不同树种间的相容性，又讲究树种搭配的景观功能，主要包括研究常绿树种与落叶树种的搭配；不同生长节律（早期速生型与后期速生型）树种的搭配；不同林冠特点（林冠松散与紧束、窄冠与宽冠，圆锥、倒卵形与柱形等以及枝叶的坚硬与柔顺、叶量的多与少、花期与秋叶色彩等）树种的搭配；不同根型（深根型与浅根型）树种的搭配；不同营养吸收特点（嗜氮型和嗜磷型）树种的搭配等。

2. 游憩林优化配置

要建立树种耗水量与水分利用系数的关系表，简化耗水量复杂的计算方法，以供应生产单位直接使用；在水分环境容量分析的基础之上，建立主要树种的水分生长模型、以水量平衡为基础的水分–林分密度控制模型；通过优良树种的选育，研究示范各种不同特色的健康舒适的游憩林配置技术。这些以改善环境、发挥林木生态功能为主的人工林，其树种选择、结构配置、抚育管理、持续经营等技术都是亟待研究的新课题。根据城市的自然条件和文化资源，建设多树种、多层次、多景观的城市森林，建设集绿色通道、休闲度假和科学普及教育等为一体的绿色城市绿岛，形成人文与自然交融的秀丽景色，力求景观优美、气势浑厚，设计方案个性化突出，注重植物的空间立体配置、季相配置、色彩配置。

进一步优化筛选出通道主要绿化造林树种，确定主要树种的耗水特性和适宜造林密度，探索适应未来缺水城市的工程集水造林营林技术、景观优化的林种和树种多功能配置及树种搭配，建立符合地区绿化要求的景观格局分析模型，从建立景观格局分析模型入手，探寻符合未来林业发展特色的城市风景林建设模式和绿化空间配置模式。

（三）困难立地造林绿化和低质林改造技术

1.防风固沙林

研究以生态经济林园区建设为突破口，形成网、带、片相联结，乔、灌、草相结合的防护林配置技术，使得沙地合理利用和保护村镇环境安全，实现生态效益优先，景观美化效果突出，经济效益明显的可持续发展管理模式目标研究乔、灌、草合理结构设计，兼顾景观建设和植物色彩季相变化，加大地表防尘防沙生物覆盖技术应用，最终形成沿河绿色廊道景观的配置技术。

研究以局部整地、土壤改良、物理压沙、结合困难立地造林技术和喷播技术为主的乔、灌、藤草立体配置的治理模式；研究以保护为主，适当种植一些水生植物，如芦苇、蒲蓬草、荷花等进行改造的洼地治理模式，形成沙石坑和注地植被配置技术。

加大防风固沙林配置技术中的研究：沙漠化过程中自然与人为影响因素指标的确定与量化方法；多场耦合的近地层风沙流运动力学模型；土壤风蚀因子参数化及风蚀容忍量的确定；沙地植被受损与恢复的动因及其稳定性机理。

防风固沙林中综合运用抗逆树种筛选技术、土壤改良技术、困难立地造林技术、生物材料地面覆盖技术、高效节水技术等，选择抗风沙、耐干旱、耐瘠薄、低耗水树种，营造以水分平衡为基础的高覆盖度的乔、灌、草混交防风固沙林体系。

各类型区可以根据实际情况，因地制宜地进行适当的乔灌草、灌草或乔草的有机结合，以充分发挥其防风固沙功能。

乔、灌、草不同配置模式的防护功效及景观功效是既能防止风沙危害，又能成为居民游憩观光景点。

2.水土保持林

通过模拟实验重点建设固定式径流泥沙实验系统、大型可移动式人工降雨模拟系统等研究设施，利用山坡水文学、河流泥沙运动学、土力学的理论和方法，研究降水、径流、侵蚀产沙、泥沙搬运、沉积过程和河流泥沙输移的关系。

通过研究生态环境变化和人类活动对水土流失的影响以及引起环境质量退化过程和滞后效应，建立水土流失环境效应的评价指标体系。

稳定林分结构调控技术主要包括：时空调水、提高水资源利用率、保持水资源生态平衡、达到林水平衡，以改土、降雨集流储水、适度胁迫节水补灌为中心的树种选择、适度造林、合理配置条件下的林分密度控制等技术。根据区域自然特点，充分发挥水土以保持林体系的生态、经济和社会等综合效益为主要目标的树种选择及其搭配、混交比例和密度控制等技术。

3.水源涵养林

水源保护是城市可持续发展经营的重中之重。进一步研究水源涵养树种的选择，从不同的时空尺度上研究乔、灌、草种的配置比例与模式，不断改善优化其群落结构，确定最佳森林覆盖率，研究水源涵养区植被恢复与建设的定向培育技术。

通过重要水源区和工程区主要树种、草种的耗水规律、水量平衡、水质影响的观测分析以及对群落结构与水源涵养功能之间关系的观测和分析，研究主要树种、草种对水量平衡以及理水调洪、净水、节水、调水等功能的影响和作用；通过系统调查主要乡土林草植被和引进植物种类的群落系统的结构特征及动态变化规律，综合评价其相应的水源涵养效益，以低耗水、高效调水与净化水质为主要目标，筛选和提出适合当地土壤和气候等自然环境条件、符合水源涵养功能要求的优良树种和草种。

针对重要水源区自然地理、经济、社会和森林资源的状况，建立多个综合和单项技术试验示范区，重点研究水源涵养型植被建设树草种选择技术、水源涵养型林草植被空间配置与结构优化技术和低功能水源涵养林草植被更新改造与植被定向恢复技术，形成完备的水源涵养型森林植被恢复与建设技术体系，提出不同类型区退耕还林还草工程区水源涵养森林植被建设技术。主要包括江河集水区水源保护林体系多林种、多树种、低耗水、高效调水供水型空间配置技术，以集水区水源保护林低耗水、低污染、高效调水净水型为主要目标的树种选择、树种搭配、密度控制等水源保护稳定林分结构设计与调控技术，集水区调水净水型水源保护林造林营林技术如高效调水净水型整地、种植点配置、抚育更新等技术。

（四）林木水分管理技术

林木水分管理技术集中体现在对主要树种、草种及其不同配置模式下的水分运移、耗散、需求的观测分析与调控。

1.水分运移调控技术

通过对林木水分的运移过程、运移特点与规律的探索与研究，根据不同时空特征对不同模式的林分中林木水分的运移进行有效适时适量的调控。

2. 水分耗散调控技术

通过植物水分生理和土壤、大气关系的研究，根据植物对水分的吸收、运转、消耗等过程的监测，通过试验、模拟、跟踪林木水分的耗散，研究林木水分利用效率的生理遗传基础，开展林木水分利用效率基因工程的改良研究，探索出有效可行的水分调控技术，实现定量、适量、精准供水，使林木水分的利用率最大化。

3. 水分需求调控技术

研究主要造林树种、草种的水量需求机理和不同时空的需求量，研究林木抗旱节水机理和分子生物学基础；研究与抗旱节水相关性状的基因定位、分子标记、基因克隆和转基因技术。研究主要树种根系行为在抗旱反应调节中的重要作用，从分子遗传水平上揭示林木整体抗旱性的机理，运用遗传工程手段标记克隆耐旱低耗基因，并把该基因转到目标树体中去，从而选育出低耗水耐干旱的树种。

（五）林木碳汇功能调控技术

当前令世界科学家困惑的问题是全球碳汇与碳源不能达到平衡。林业生态建设的关键技术之一就是要研究碳源、碳汇的时空格局，研究在碳循环过程中的控制因素及其相互作用机理，研究城市碳循环的动力过程及趋势。特别是要加强地区主要造林树种的碳汇功能和林分主要配置模式的碳汇功能的调控技术研究。通过对碳通量、储量和过程的综合观测对比。及各种干扰对碳循环的影响等的研究，建立起城市森林碳过程的科学数据。

二、现代林业生态保护的关键技术

（一）森林保护技术

针对森林资源现状和林业发展规划，在森林保护技术方面还需要在如下几个方面进行重点研究：

①森林健康评价指标体系与监测体系研究。

②森林灾害的生物调控技术研究。

③荒漠化治理灌木林的生物防治技术研究。

④重点易发病虫害预测预报方法的研究。

⑤天敌昆虫多样性及其自然控制技术的研究。

（二）自然保护区与湿地保育技术

1. 自然保护区保育技术

自然保护区的保育是维护生物多样性、资源多样性、生态文化多样性的极为重要的手

段。通过自然保护区的建立和维护，研究保护区内景观斑块与廊道特征，研究生态系统结构特征及景观的多样性，分析与评估保护区景观格局，探索自然保护区的旅游规划和景观生态规划，研究不同干扰对生物多样、景观多样性的影响机理，研究保护区生物多样性与生态服务功能的关系，探讨保护区生态服务功能的价值评估，研究保护区生态服务功能损失的物种补偿途径，建立起自然保护区生态系统的自运行机制、生物多样性自平衡机制、植被景观的自形成机制。

2.湿地恢复与保育技术

我国湿地生态系统面临的主要问题有：水源不稳定；植物群落建群种少，结构简单；湿地面积萎缩、质量下降。在湿地保育研究中，主要内容有：①湿地植物资源调查和特征分析；②湿地生态功能观测（净化污染物能力、吸收重金属能力、蓄水能力、调节小气候的能力、维持生物多样性的能力等）；③湿地健康状况评价；④湿地生物修复技术（针对某种污染物或重金属的植物修复和微生物修复，选育该种或几种植物和微生物）。

完成野生植物及湿地资源监测体系等工程的建设，以及野生动物救护中心和水生野生动物保护中心的建设。开展动物“再引入”工程相关技术的研究，加强珍稀物种回归自然栖息环境的技术研究。在各类城市绿地的建设中，注重植物多样性配置，建立大面积、物种多样的人工绿地生态系统，加强对城市地区野生鸟类的保护，开展相关的基因工程方面的研究与应用。

（三）生物多样性保护技术

根据山区、平原、城市的地理特点，区别各个地区相对独立的生态系统，制订实施有针对性的生态保护和建设计划。完善围绕市区的绿化放射状系统，重视平原过渡地带的生态建设，初步形成城市中心与外部联系的自然及半自然的生态廊道。

在各类城市绿地的建设中，注重植物多样性配置，建立大面积、物种多样的人工绿地生态系统。加强城市地区野生鸟类的保护。建立野生动物救护中心、繁育中心，形成保护、救护、繁育一体化。维护生物多样性，改变造林绿化中树种少、结构单一、人工痕迹较强、与自然不够和谐的现象，提高绿化美化整体水平。增强林木管护和森林资源安全保障能力，特别是护林防火能力，确保森林资源的安全。

重点抓好以下几项工作：

①维持对周边和下游地区有价值的生态系统服务功能，提供环境的弹性，如保护土壤和流域，减少污染。

②保护天然环境中的动植物种群，保证它们的自然选择和进化的延续。

③保护典型的、有代表性的生态系统，如古典园林、寺庙、湿地等。

④保护迁徙性物种的重要停留地，防止人为破坏，如改变土地用途等。

⑤为那些扩散物种或在一些情况下在其他地区被可持续性捕获的物种提供安全的繁殖地。

⑥保护动植物资源，为当地自然资源的可持续性利用提供机会。

第三节 现代林业生态工程建设与管理

一、现代林业生态工程的建设方法

（一）要以和谐的理念来开展现代林业生态工程建设

构建和谐性项目一定要做好5个结合。一是在指导思想上，项目建设要和林业建设、经济建设的具体实践结合起来。如果我们的项目不跟当地的生态建设、当地的经济发展结合起来，就没有生命力。不但没有生命力，而且在未来还可能会成为包袱。二是在内容上要与林业、生态的自然规律和市场经济规律结合起来，才能有效地发挥项目的作用。三是在项目的管理上要按照生态优先，生态、经济兼顾的原则，与以人为本的工作方式结合起来。四是在经营措施上，主要目的树种、优势树种要与生物多样性、健康森林、稳定群落等有机地结合起来。五是在项目建设环境上要与当地的经济发展，特别是解决“三农”问题结合起来。这样我们的项目就能成为一个和谐项目，就有生命力。

构建和谐林业生态工程项目，要在具体工作上一项一项地抓落实。一要检查林业外资项目的机制和体制是不是和谐。二要完善安定有序、民主法治的机制，如林地所有权、经营权、使用权和产权证的发放。三要检查项目设计、施工是否符合自然规律。四要促进项目与社会主义市场经济规律相适应。五要建设整个项目的和谐生态体系。六要推动项目与当地的“三农”问题、社会经济的和谐发展。七要检验项目所定的支付、配套与所定的产出是不是和谐。总之，要及时检查项目措施是否符合已确定的逻辑框架和目标，要看项目林分之间，林分和经营（承包）者、经营（承包）者和当地的乡村组及利益人是不是和谐。如果这些都能够做到的话，那么我们的林业外资项目就是和谐项目，就能成为各类林业建设项目的典范。

（二）努力从传统造林绿化理念向现代森林培育理念转变

传统的造林绿化理念是尽快消灭荒山或追求单一的木材、经济产品的生产，容易造成生态系统不稳定、森林质量不高、生产力低下等问题，难以做到人与自然的和谐。现代林业要求引入现代森林培育理念，在森林资源培育的全过程中始终贯彻可持续经营理论，从造林规划设计、种苗培育、树种选择、结构配置、造林施工、幼林抚育规划等森林植被恢复各环节采取有效措施，在森林经营方案编制、成林抚育、森林利用、迹地更新等森林经营各环节采取科学措施，确保恢复、培育的森林能够可持续保护森林生物多样性，充分发挥林地生产力，实现森林可持续经营，实现林业可持续发展，实现人与自然的和谐。

森林经营范围非常广，不仅仅是抚育间伐，还应包括森林生态系统群落的稳定性、种间矛盾的协调、生长量的提高等。例如，安徽省森林经营最薄弱的环节是通过封山而生长起来的大面积的天然次生林，特别是其中的针叶林，要尽快采取人为措施，在林中补植、补播一部分阔叶树，改良土壤，平衡种间和种内矛盾，提高林分生长量。

（三）现代林业生态工程建设要与社区发展相协调

通过对现代林业生态工程与社区发展之间存在的矛盾、保护与发展的关系进行概括介绍，揭示其在未来的发展中应注意的问题。

1.现代林业生态工程与社区发展之间的矛盾

我国是一个发展中的人口大国，社会经济发展对资源和环境的压力正变得越来越大。如何解决好发展与保护的关系，实现资源和环境可持续利用基础上的可持续发展，将是我国在今后所面临的一个世纪性的挑战。

在现实国情条件下，现代林业生态工程必须在发展和保护相协调的范围内寻找存在和发展的空间。在我国，以往在林业生态工程建设中采取的主要措施是应用政策和法律的手段，并通过保护机构，如各级林业主管部门进行强制性保护。不可否认，这种保护模式对现有的生态工程建设区域内的生态环境起到了积极的作用，也是今后应长期采用的一种保护模式。但通过上述保护机构进行强制性保护存在2个较大的问题。一是成本较高。对建设区域国家每年要投入大量的资金，日常的运行和管理费用也需要大量的资金注入。在经济发展水平还较低的情况下，全面实施国家工程管理将受到经济的制约。在这种情况下，应更多地调动社会的力量，特别是广大农村乡镇所在社区对林业的积极参与，只有这样才能使林业生态工程成为一种社会行为，并取得广泛和长期的效果。二是通过行政管理的方式实施林业项目可能会使所在区域与社区发展的矛盾激化，林业工程实施将项目所在的社区作为主要干扰和破坏因素，而社区也视工程为阻碍社区经济发展的主要制约因素，矛盾的焦点就是自然资源的保护与利用。可以说，现代林业生态工程是为了国家乃至人类长远利益的伟大事业，是无可非议的，而社区发展也是社区的正当权利，是无可指责的，但目前的工程管理模式无法协调解决这个保护与发展的基本矛盾。因此，采取有效措施促进社区的可持续发展，对现代林业生态工程的积极参与，并使之受益于保护的成果，使现代林业生态工程与社区发展相互协调，将是今后我国现代林业生态工程的主要发展方向，它也是将现代林业生态工程的长期利益与短期利益、局部利益与整体利益有机地结合在一起的最好形式，是现代林业生态工程可持续发展的具体体现。

2.现代林业生态工程与社区发展的关系

如何协调经济发展与现代林业生态工程的关系已成为可持续发展主题的重要组成部分。社会经济发展与现代林业生态工程之间的矛盾是一个世界性的问题，在我国也不例外，在一些偏远农村，这个矛盾表现得尤为突出。这些地方自然资源丰富，但却没有得到合理利用，或利用方式违背自然规律，造成贫穷的原因并没有得到根本的改变。在面临发展危机和财力有限的情况下，大多数地方政府虽然对林业生态工程有一定的认识和各种承诺，但实际投入却很少，这也是造成一些地区生态环境不断退化和资源遭到破坏的一个主要原因，而且这种趋势由于地方经济发展的利益驱动有进一步加剧的可能。从根本上说，保护与发展的矛盾主要体现在经济利益上，因此，分析发展与保护的关系也应主要从经济的角度进行。

从系统论的角度分析，社区包含2个大的子系统，一个是当地的生态环境系统，另一个是当地的社区经济系统，这2个系统不是孤立和封闭的。从生态经济的角度看，这2个系统都以其特有的方式发挥着它们对系统的影响。当地社区的自然资源既是当地林业生态工程的重要组成部分，又是当地社区社会经济发展最基础的物质源泉，这就不可避免地使保护和发展在资源的利益取向上对立起来。只要世界上存在发展和保护的问题，它们之间的矛盾就是一个永恒的主题。

基于上述分析可以得出，如何协调整体和局部利益是解决现代林业生态工程与社区发展之间矛盾的一个关键。在很多地区，由于历史和地域的原因，其发展都是通过对自然资源进行粗放式的、过度的使用来实现的，如要他们放弃这种发展方式，采用更高水平的发展模式是勉为其难和不现实的。因而，在处理保护与发展的关系时，要公正和客观地认识社区的发展能力和发展需求。

（四）要用参与式方法来实施现代林业生态工程

1.参与式方法的概念

参与式方法是20世纪后期确立和完善起来的一种主要用于与农村社区发展内容有关项目的新的工作方法和手段，其显著特点是强调发展主体积极、全面地介入发展的全过程，使相关利益者充分了解他们所处的真实状况、表达他们的真实意愿，通过对项目全程参与，提高项目效益，增强实施效果。具体到有关生态环境和流域建设等项目，就是要变传统“自上而下”的工作方法为“自下而上”的工作方法，让流域内的社区和农户积极、主动、全面地参与到项目的选择、规划、实施、监测、评价、管理中来，并分享项目成果和收益。参与式方法不仅有利于提高项目规划设计的合理性，同时也更易得到各相关利益群体的理解、支持与合作，从而保证项目实施的效果和质量。这是目前各国际组织在发展中国家开展援助项目时推荐并引入的一种主要方法。与此同时，通过促进发展主体（如农

民）对项目全过程的广泛参与，帮助其学习掌握先进的生产技术和手段，提高可持续发展的能力。

2.参与式方法的程序

（1）参与式农村评估

参与式农村评估是一种快速收集农村信息资料、资源状况与优势、农民愿望和发展途径的新方法。这种方法可促使当地居民（不同的阶层、民族、宗教、性别）不断加强对自身与社区及其环境条件的理解，通过实地考察、调查、讨论、研究，与技术、决策人员一道制订出行动计划并付诸实施。

参与式农村评估的方法有半结构性访谈、划分农户贫富类型、制作农村生产活动季节、绘制社区生态剖面、分析影响发展的主要或核心问题、寻找发展机会等。

具体调查步骤是，评估组先与项目县座谈，了解全县情况和项目初步规划以及规划的做法，选择要调查的项目乡镇、村和村民组；再到项目村和村民组调查土地利用情况，让农民根据自己的想法绘制土地利用现状草图、土地资源分布剖面图、农户分布图、农事活动安排图，倾听农民对改善生产生活环境的意见，并调查项目村、组的社会经济状况和项目初步规划情况等；然后根据农民的标准将农户分成3 ～ 5个等次，在每个等次中走访1个农户，询问的主要内容包括人口，劳力，林地、荒山、水田、旱地面积，农作物种类及产量，详细收入来源和开支情况，对项目的认识和要求等，介绍项目内容和支付方法，并让农民重新思考希望自家山场种植的树种和改善生活的想法；最后，隔1 ～ 3天再回访，收集农民的意见，现场与政府官员、林业技术人员、农民商量，找出大家都认同的初步项目执行措施，避免在项目实施中出现林业与农业用地，劳力投入与支付，农民意愿与规划设计、项目林管护、利益分配等方面的矛盾，保证项目的成功和可持续发展。

（2）参与式土地利用规划

参与式土地利用规划是以自然村/村民小组为单位，以土地利用者（农民）为中心，在项目规划人员、技术人员、政府机构和外援工作人员的协助下，通过全面系统地分析当地土地利用的潜力和自然、社会、经济等制约因素，共同制订未来土地利用方案及实施的过程。这是一种自下而上的规划，农户是制订和实施规划的最基本单元。参与式土地利用规划的目的是让农民能够充分认识和了解项目的意义、目标、内容、活动与要求，真正参与自主决策，从而调动他们参与项目的积极性，确保项目实施的成功。参与式土地利用规划的参与方有：援助方（即国外政府机构、非政府组织和国际社会等）、受援方的政府、目标群体（即农户、村民小组和村民委员会）、项目人员（即承担项目管理与提供技术支持的人员）。

参与式土地利用规划（Participatory Land Use Planning, PLUP）并没有严格固定的方法，主要利用一系列具体手段和工具促进目标群体即农民真正参与，确保多数村民参与共同决策并制订可行的规划方案。以下以某地中德合作生态造林项目来对一般方法步骤进行介绍。

第一步，技术培训。由德方咨询专家培训县项目办及乡镇林业站技术人员，使他们了解和掌握PLUP操作方法。

第二步，成立项目PLUP小组，收集各乡及行政村自然、社会、经济的基本材料，准备项目宣传材料（如“大字报”、传单），准备1 ∶ 10 000地形图、文具纸张、参与项目的申请表、规划设计表、座谈会讨论提纲与记录表等，向乡镇和行政村介绍项目情况。

第三步，项目PLUP小组进驻自然村（村民小组）与村民组长、农民代表一起踏查山场，并召开第一次自然村（村民小组）村民会议，向村民组长和村民介绍项目内容及要求、土地利用规划的程序与方法，向村民发放宣传材料、参与项目申请表、造林规划表，了解并确认村民参与项目的意愿和实际能力，了解自然村（村民小组）自然、社会、经济及造林状况和本村及周边地区以往林业发展方面的经验和教训，鼓励村民自己画土地利用现状草图，讨论该自然村（村民小组）的土地利用现状、未来土地利用规划、需要造林或封山育林的地块及相应的模型、树种等。

第四步，农民自己讨论土地利用方案并确定造林地块、选择造林树种和管护方式，农民自己拟定小班并填写造林规划表，村民约定时间与项目人员进行第二次座谈讨论村民自己的规划。在这个阶段，技术人员的规划建议内容应更广，要注意分析市场，防止规模化发展某一树种可能带来的潜在的市场风险。

第五步，召开第二次自然村（村民小组）村民会议，村民派代表或村民组长介绍自己的土地利用规划及各个已规划造林小班状况，项目人员与农民讨论他们自己规划造林小班及小班内容的可行性。农民对树种，尤其是经济林品种信息的了解较少，技术人员在规划建议中应向农民介绍具有市场前景的优良品种供农民参考。

第六步，现地踏查并将相关地理要素和规划确定的小班标注到地形图上，现场论证其技术上的可行性和有无潜在的矛盾和冲突，最终确定项目造林小班。项目人员还应计算小班面积并返还给农民，农民内部确定单个农户的参与项目面积，并重新登记填写项目造林规划表。

第七步，召开第三次村民座谈会（最后一次），制订年度造林计划，讨论农户造林合同的内容，讨论项目造林可能引起的土地利用矛盾与冲突的解决办法，讨论确定项目造林管护的村规民约。

参与式监测与评估的方法是：在进行参与式土地利用的规划过程中，乡镇技术人员主动发现和自我纠正问题，监测中心、县项目办人员到现场指导规划工作，并检查规划文件与村民组实际情况的一致性；其间，省项目办、监测中心、国内外专家不定期到实地抽查；当参与式土地利用规划文件准备完成后，县项目办向省项目办提出评估申请；省项目办和

项目监测中心派员到项目县进行监测与评估；最后，由国内外专家抽查评价。评估小组至少由两人组成：项目监测中心负责参与式土地利用规划的代表一名和其他县项目办代表一名。他们都是参加过参与式土地利用规划培训的人员。

参与式监测与评估的程序是：评估小组按照省项目办、监测中心和国际国内专家研定的监测内容和打分表，随机检查参与式土地利用规划文件，并抽查1 ~ 3个村民组进行现场核对，对文件的完整性和正确性打分，如发现问题，与县乡技术人员以及农民讨论存在的困难，寻找解决办法。评估小组在每个乡镇至少要检查50%的村民组（行政村）规划文件，对每份规划文件给予评价，并提出进一步完善意见，如果该乡镇被查文件的70%通过了评估，则该乡镇的参与式土地利用规划才算通过了评估。省项目办、监测中心和国际国内专家再抽查评估小组的工作，最后给予总体评价。

二、现代林业生态工程的管理机制

（一）组织管理机制

省、市、县、乡（镇）均成立项目领导组和项目管理办公室。项目领导组组长一般由政府主要领导或分管领导担任，林业和相关部门负责人为领导组成员，始终坚持把林业外资项目作为林业工程的重中之重抓紧抓实。项目领导组下设项目管理办公室，作为同级林业部门的内设机构，由林业部门分管负责人兼任项目管理办公室主任，设专职副主任，配备足够的专职和兼职管理人员，负责项目实施与管理工作。同时，项目领导组下设独立的项目监测中心，定期向项目领导组和项目办提供项目监测报告，及时发现施工中出现的问题并分析原因，建立项目数据库和图片资料档案，评价项目效益，提交项目可持续发展建议等。

（二）规划管理机制

按照批准的项目总体计划（执行计划），在参与式土地利用规划的基础上编制年度实施计划。从山场规划、营造的林种树种、技术措施方面尽可能地同农民讨论，并引导农民改变一些传统的不合理习惯，实行自下而上、多方参与的决策机制。参与式土地利用规划中可以根据山场、苗木、资金、劳力等实际情况进行调整，用“开放式”方法制订可操作的年度实施计划。项目技术人员召集村民会议、走访农户踏查山场等，与农民一起对项目小班、树种、经营管理形式等进行协商，形成详细的图、表、卡等规划文件。

（三）工程管理机制

以县、乡（镇）为单位，实行项目行政负责人、技术负责人和施工负责人责任制，对项目全面推行质量优于数量、以质量考核实绩的质量管理制。为保证质量管理制的实行，上级领导组与下级领导组签订行政责任状，林业主管单位与负责山场地块的技术人员签订技术责任状，保证工程建设进度和质量。项目工程以山脉、水系、交通干线为主线，按区域治理、综合治理、集中治理的要求，合理布局，总体推进。工程建设大力推广和应用林业先进技术，坚持科技兴林，提倡多林种、多树种结合即乔灌草配套，防护林必须营造混交林。项目施工保护原有植被，并采取水土保持措施（坡改梯、谷坊、生物带等），禁止炼山和全垦整地，营建林区步道和防火林带，推广生物防治病虫措施，提高项目建设综合效益。推行合同管理机制，项目基层管理机构与农民签订项目施工合同，明确双方权利和义务，确保项目成功实施和可持续发展。项目的基建工程和车辆设备采购实行国际、国内招标或“三家”报价，项目执行机构成立议标委员会，选择信誉好、质量高、价格低、后期服务优的投标单位中标，签订工程建设或采购合同。

（四）资金管理机制

项目建设资金单设专用账户，实行专户管理、专款专用，县级配套资金进入省项目专户管理，认真落实配套资金，确保项目顺利进展，不打折扣。实行报账制和审计制。项目县预付工程建设费用，然后按照批准的项目工程建设成本，以合同监测中心验收合格单、领款单、领料单等为依据，向省项目办申请报账。经审计后，省项目办给项目县核拨合格工程建设费用，再向国内外投资机构申请报账。项目接受国内外审计，包括账册、银行记录、项目林地、基建现场、农户领款领料、设备车辆等的审计。项目采用报账制和审计制，保证了项目任务的顺利完成、工程质量的提高和项目资金使用的安全。

（五）监测评估机制

项目监测中心对项目营林工程和非营林工程实行按进度全面跟踪监测制，选派一名技术过硬、态度认真的专职监测人员到每个项目县常年跟踪监测，在监测中使用GIS和GPS等先进技术。营林工程监测主要监测施工面积和位置、技术措施（整地措施、树种配置、栽植密度）、施工效果（成活率、保存率、抚育及生长情况等）。非营林工程监测主要由项目监测中心在工程完工时现场验收，检测工程规模、投资和施工质量。监测工作结束后，提交监测报告，包括监测方法、完成的项目内容及工作量、资金用量、主要经验与做法、监测结果分析与评价、问题与建议等，并附上相应的统计表和图纸等。

（六）信息管理机制

项目建立计算机数据库管理系统，连接GIS和GPS，及时准确地掌握项目进展情况和实施成效，科学地进行数据汇总和分析。项目文件、图表卡、照片、录像、光盘等档案实行分级管理，建立项目专门档案室（柜），制定档案管理制度，确定专人负责立卷归档、查阅借还和资料保密等工作。

（七）激励惩戒机制

项目建立激励机制，对在项目规划管理、工程管理、资金管理、项目监测、档案管理中做出突出贡献的项目人员，给予通报表彰、奖金和证书，做到事事有人管、人人愿意做。在项目管理中出现错误的，要求及时纠正；出现重大过错的，视情节予以处分甚至调离项目队伍。

三、现代林业生态工程建设领域的新应用

（一）信息技术

信息技术是新技术革命的核心技术与先导技术，代表了新技术革命的主流与方向。由于计算机的发明与电子技术的迅速发展，为整个信息技术的突破性进展开辟了道路。微电子技术、智能机技术、通信技术、光电子技术等重大成就，使得信息技术成为当代高技术最活跃的领域。由于信息技术具有高度的扩展性与渗透性、强大的纽带作用与催化作用，可有效地节省资源与节约能源功能，不仅带动了生物技术、新材料技术、新能源技术、空间技术与海洋技术的突飞猛进，而且它自身也开拓出许多新方向、新领域、新用途，推动整个国民经济以至社会生活各个方面的彻底改变，为人类社会带来了最深刻、最广泛的信息革命。信息革命的直接目的和必然结果，是扩展与延长人类的信息功能，特别是智力功能，使人类认识世界和改造世界的能力发生了一个大的飞跃，使人类的劳动方式发生革命性的变化，开创人类智力解放的新时代。

1.信息采集和处理

（1）野外数据采集技术

林业上以往传统的野外调查都以纸为记录数据的媒介，它的缺点是易脏、易受损，数据核查困难。近年来，随着微电子技术的发展，一些发达国家市场上出现了一种野外电子数据装置（EDRs），它以直流电池为电源，用微处理器控制，用液晶屏幕显示，具有携带方便和容易操作的特点。利用EDRs在野外调查的同时即可将数据输入临时存储器，回来后，只须通过一根信号线就可将数据输入中心计算机的数据库中。若进行适当编程，EDRs还可在野外进行数据检查和预处理。

（2）数据管理技术

收集的数据需要按一定的格式存放才能方便管理和使用。因此，随着计算机技术发展起来的数据库技术，一出现就受到林业工作者的青睐，世界各国利用此技术研建了各种各

样的林业数据库管理系统。

（3）数据统计分析

数据统计分析是计算机在林业中应用最早也是最普遍的领域。借助计算机结合数学统计方法，可以迅速地完成原始数据的统计分析，如分布特征、回归估计、差异显著性分析和相关分析等，特别是一些复杂的数学运算，如迭代、符号运算等，更能发挥计算机的优势。

2.决策支持系统技术

决策支持系统（DSS）是多种新技术和方法高度集成化的软件包。它将计算机技术和各种决策方法（如线性规划、动态规划和系统工程等）结合起来。针对实际问题，建立决策模型，进行多方案的决策优化。目前国外林业支持系统的研究和应用十分活跃，在苗圃管理、造林规划、天然更新、树木引种、间伐和采伐决策、木材运输和加工等方面都有成果涌现。最近，决策支持系统技术的发展已经有了新的动向，群体DSS、智能DSS、分布式的DSS已经出现，相信未来的决策支持系统将是一门高度综合的应用技术，将向着集成化、智能化的方向迈进，也将会给林业工作者带来更大的福音。

3.人工智能技术

人工智能（AI）是处理知识的表达、自动获取及运用的一门新兴科学，它试图通过模仿诸如演绎、推理、语言和视觉辨别等人脑的行为来使计算机变得更为有用。AI有很多分支，在林业上应用最多的专家系统（ES）就是其中之一。专家系统是在知识水平上处理非结构化问题的有力工具。它能模仿专门领域里专家求解问题的能力，对复杂问题做专家水平的结论，广泛地总结不同层面的知识和经验，使专家系统比任何一个人类专家更具权威性。因此，国外林业中专家系统的应用非常广泛。目前，国外开发的林业专家系统主要有林火管理专家系统、昆虫及野生动植物管理专家系统、森林经营规划专家系统、遥感专家系统等。人工智能技术的分支如机器人学、计算机视觉和模式识别、自然语言处理以及神经网络等技术在林业上的应用还处于研究试验阶段。但有倾向表明，随着计算机和信息技术的发展，人工智能将成为计算机应用最广阔的领域。

（二）生物技术

1.林木组培和无性快繁

林木组培和无性快繁技术对保存和开发利用林木物种具有特别重要的意义。由于林木生长周期长，繁殖力低，加上21世纪以来对工业用材及经济植物的需求量有增无减，单靠天然更新已远远不能满足需求。近几十年来，经过几代科学家的不懈努力，如今一大批林木、花卉和观赏植物可以通过组培技术和无性繁殖技术，实现大规模工厂化生产。这不仅解决了苗木供应问题，而且为长期保存和应用优质种源提供了重要手段，同时还为林木

基因工程、分子和发育机制的进一步探讨找到了突破口。尤其是过去一直被认为是难点的针叶树组培研究，如今也有了很大程度的突破。如组培生根、芽再生植株、体细胞胚诱导和成年树的器官幼化等。

2.林木基因工程和细胞工程

林木转基因是一个比较活跃的研究领域。近几年来成功的物种不断增多，所用的目的基因也日趋广泛，最早成功的是杨树。到目前为止，有些项目开始或已经进入商品化操作阶段。在抗虫方面，有表达Bt基因的杨树、苹果、核桃、落叶松、花旗松、火炬松、云杉和表达蛋白酶抑制剂的杨树等。在抗细菌和真菌病害方面，有转特异抗性基因的松树、栎树和山杨、灰胡桃（黑窝病）等。在特殊材质需要方面，利用反义基因技术培育木质素低含量的杨树、桉树、灰胡桃和辐射松等。此外，抗旱、耐湿、抗暴、耐热、抗盐、耐碱等各种定向林木和植物正在被不断地培育出来，有效地拓展了林业的发展地域和空间。

3.林木基因组图谱

利用遗传图谱寻找数量性状位点也成为近年的研究热点之一。一般认为，绝大多数重要经济性状和数量性状是由若干个微效基因的加性效应构成的。可以构建某些重要林木物种的遗传连锁图谱，然后根据其图谱，定位一些经济性状的数量位点，为林木优良性状的早期选择和分子辅助育种提供证据。目前，已经完成或正在进行遗传图谱构建的林木物种有杨树、柳树、桉树、栎树、云杉、落叶松、黑松、辐射松和花旗松等。主要经济性状定位的有林积、材重、生长量、光合率、开花期、生根率、纤维产量、木质素含量、抗逆性和抗病虫能力等。

（三）新材料技术

林业新材料技术研究从复合材料、功能材料、纳米材料、木材改性等方面探索。重点是林业生物资源纳米化，木材功能性改良和木基高分子复合材料、重组材料的开发利用，及木材液化、竹藤纤维利用、抗旱造林材料、新品种选育等方面研究，攻克关键技术，扶持重点研究和开发工程。

（四）新方法推广

从林业生态建设方面来看，重点是加速稀土林用技术、除草剂技术、容器育苗、保水剂、ABT生根粉、菌根造林、生物防火隔离带、水土保持技术、生物防火阻隔带技术等造林新方法的推广应用。这些新方法的应用和推广，将极大地促进林业生态工程建设发展。

第四章　人工林培育基础知识

第一节　立地类型划分及适地适树

一、立地与立地类型

一般来讲，立地有两层含义：第一，它具有地理位置的含义；第二，它是指存在于特定位置的环境条件（生物、土壤、气候）的综合。因此，可以认为立地在一定的时间内是不变的，而且与生长于其上的树种无关。在造林上凡是与森林生长发育有关的自然环境因子统称为立地条件。造林的立地条件包含了造林地不同地形部位所具有的不同小气候、土壤、水文、植被等环境因子。

立地类型是立地分类的基本单位，是指具有立地性能的不同地段的综合。它是根据环境中各立地因子的变化状况，将那些具有相同或相对立地因子及作用特点相似的造林立地归并分类，以区别于其他造林地段。具体的造林工作就是在各立地类型上进行，其意义在于可以比较准确地贯彻适地适树的原则，按类型制定和实施造林技术措施。

二、立地类型划分方法

（一）立地类型划分依据

造林地环境体现着立地因子综合作用的全貌，它与林木之间构成最直接的生态联系，因此，以环境差异为划分立地类型的依据是十分客观的。立地环境分生物环境和非生物环境。生物环境是指区域内现有动植物状态，包括动植物种类、数量和分布层次、规模等。一般生物环境条件受非生物环境支配，并在一定的非生物环境条件下发挥作用，生物环境常被作为划分立地类型的辅助依据，而非生物环境则是划分立地类型的主要依据。不同的造林地，各种非生物因子的作用不同，其作为立地类型划分依据的主要地位就有所区别。有些因子表现较突出，对林木生长起主要限制作用，就会成为划分立地类型的主要依据：有些因子对林木的影响不显著，限制性较小，就可能成为划分立地类型的次一级或不予考虑的因子。

非生物环境因子并非类型划分的绝对依据，对于某些造林地来讲，原有植被保持得较为完好，植被低于环境指示意义明显时，植物条件也可作为划分立地类型的依据之一。在正确分析非生物环境因子的同时，将生物因素纳入划分立地类型的依据范畴，也是十分重要的方面。实践中，也可将林木生长效果与立地环境因子分析相联系，依据林木在不同立地环境中的具体生长表现，间接反映立地条件的差异水平，从而作为划分立地类型的参考依据。

（二）立地类型划分方法

1. 主导环境因子分级系统

根据造林地主导因子的组合状况，按照对林木生长限制作用大小进行分级排列，使之成为完全以环境因子的限制特点为代表的立地类型。这种方法简单明了，易于掌握，但如果选择确定的主导因子数量太少，对环境特点的反映就不会全面，对认识造林地立地性质也不能深入；如果选择因子数量过多，又使方法烦琐复杂，不易掌握和应用。

2. 主导生活因子分级系统

根据林木生长发育必需的生活因子，对林木生长限制性作用大小进行分级排列，使之成为完全以生活因子的组合差异所代表的不同立地类型。这种方法能够较好地反映造林地生活因子变化情况，体现出生活因子的直接限制性特点，类型本身也较好地说明了造林地生态效果，但林木生活因子表现状况不易直接表达，需要在造林地范围内布设多个样点，进行较长时间的重复测定，以保证数据的可靠性。如果造林区域较大，工作量也较大，所以这种方法不宜在大范围的造林地上采用。

3. 主导环境因子与生活因子综合分级系统

根据造林地环境因子与生活因子间相互制约、相互联系的综合特征，分析并确定对林木生长发育起主导作用的因子（不具体区分环境因子或生活因子），按照对林木限制性作用程度的大小进行排列，形成既具有主导环境因子作用特点，又具有主导生活因子作用特点的综合性立地类型。应用这种方法要特别注意将主导环境因子和主导生活因子的作用层次分开，以防划分混乱。

4. 林木生长指标分级系统

根据造林地林木生长指标（材积、胸径和高生长量）的变化，反映不同地段立地条件的差异，划分立地条件。这种分级系统通过数学分析手段把林木生长指标与立地因子相联系，从而把不同的立地类型区分开来。这种方法较科学，说服力较强。但林木生长指标只表现林木生长的表面效果，而不能说明产生这种效果的原因，故存在一定缺陷。例如，按照某一林木生长指标变化而划分出的同一立地类型，很可能实际上处在不同的坡向或地形部位上，而不同坡向或地形部位的造林地段上，其林木生长状况却可能完全一样。另外，林木生长发育还受本身生物特性的支配，不同树种对立地条件有不同的要求，绝不能一概而论。因此，运用定量分析方法划分立地类型，只能与被测树种相联系，绝不能成为其他树种划分立地类型的尺度。

三、立地质量评价

通常用林地上一定树种的生长指标来衡量和评价森林的立地质量。由于不同树种的生物学特征并非一样，各立地因子的不同树种生长指标的贡献或限制存在一定的差异，立地质量也往往因树种而异。同一立地类型，有的适宜多个树种生长，有的则仅适宜单个树种生长。通过森林林地质量评价，便可确定某一立地类型上生长不同树种的适宜程度。这样就可在各种立地类型上配置相应的最适宜林种、树种，实施相应的造林经营措施，使整个区域“适地适树”和“合理经营”，实现“地尽其用”的最终目的。

当前，国内采用的立地质量评价方法主要为地位指数的间接评价方法。下面仅对此方法进行介绍。

地位指数的间接评价方法是一种定量分析方法，也称为多元地位指数法。这种方法能解决有林地和无林地统一评价的问题，因而被认为是最终解决问题的根本方法，一般用多元统计方法构造数学模型，即多元地位指数方程，以表示地位指数与立地因子之间的关系，用以评价宜林地对其树种的生长潜力。

多元地位指数法的基本内容为，采用数量化理论或多元回归分析方法，建立起数学的立地指数，即该树种在一定基准年龄时的优势木平均高或几株最高树木的平均高（也称上层高）与各项立地因子如气候、土壤、植被以及立地本身的特性。还有人在预测方程中包含了诸如养分浓度、C/N、pH值等土壤化学特征之间的回归关系式，根据各立地因子与立地指数间的偏相关系数的大小（显著性），筛选出影响林木生长发育的主导因子，说明不同主导因子分级组合下的立地指数的大小，并建立多元立地质量评价表，以评价立地的质量。不同的立地因子组合将得到不同的立地指数，立地指数大的则立地质量高。

第二节　人工林发育阶段

一、人工林生长发育基础

（一）林木的生长规律

林木个体生长是指林木由于原生质的增加而引起的重量和体积不可逆的增加，以及新

器官的形成和分化。林木由种子萌发，经过幼苗时期，长成枝叶茂盛、根系发达的林木，即为林木的生长。林木生长是其内部物质经过代谢合成，造成原生质量的增加而实现的。林木的生长通常可以通过其生长过程、生长速率及生长量等来加以描述。

1.林木生长曲线

林木生长包括3个基本过程，即细胞分裂、细胞延长和细胞分化。从理论上讲，林木各细胞和组织的生长潜力是无限的，它们的生长过程应该始终按指数式进行增长。

但事实上，由于细胞或器官内部的交互作用限制了生长，使整个生长曲线呈现斜向的“S”形，常称为“S”形生长曲线。许多研究表明，任何单株林木或器官的生长都表现出基本相同的模型，即可分为开始的迟滞期，以后直线上升的对数期，最后为生长速度下降的衰老期，符合“S”形曲线。通常把林木个体或器官所经历的这种“S”形生长过程，即“慢—快—慢”3个阶段的整个生长时期，称为林木生长大周期，又称大生长周期。在森林培育过程中，林木的树高、胸径、根系、树冠和材积生长等都表现出“慢—快—慢”的生长发育节律，一般规律是树高速生期来得最早，随后出现冠幅和胸径速生期，材积速生期最后出现。

2.林木生长量

林木个体生长量是指一定间隔期内林木各种调查因子（如树高、直径和形数等）所发生变化的量。生长量是时间t的函数，时间的间隔可以是1年、5年、10年或更长的时间，通常以年为单位。在生产实践和科学研究中，由于不同的目的，需要把生长量划成许多种类，主要划分方式有：

按照调查因子可把林木生长量划分为树高生长量、直径生长量、根系生长量、断面积生长量、形数生长量、材积生长量和重量生长量等。

按照林木部位可划分为林木生长量、树干生长量和枝条生长量等。

按照时间可划分为总生长量、定期生长量和连年生长量等。

总生长量是指林木自种植开始至调查时整个期间累积生长的总量，它是林木的基本生长量，其他种类的生长量均由它派生而来。总平均生长量（简称平均生长量）是总生长量被总年龄所除之商。定期生长量是指林木在定期几年间的生长量，而连年生长量是指林木一年间的生长量。由于连年生长量数值一般很小，测定困难，所以通常用定期平均生长量来代替。在幼龄阶段，连年生长量与平均生长量都随年龄的增加而增加，但连年生长量增加的速度较快，其值大于平均生长量。随着林木的生长发育，连年生长量达到最高峰的时间比平均生长量早，而当平均生长量达到最高峰时，则与连年生长量相等。当平均生长量达到最高峰以后，连年生长量永远小于平均生长量，这是林木正常情况下的生长规律。

3.根生长

林木根系在其生长发育初期，生长迅速，一般都超过地上部分的生长，以后随年龄的增加，生长速度趋于缓慢，并逐渐与地上部分的生长保持一定比例关系。当林木衰老，地上部分枯死时，其根系仍保持一段时期的寿命。

林木根系在树木生长幼期所具有的这种速生特性，对于以人工措施促进根系生长具有重要意义。一般根系春季生长的开始时间比地上部分早，土壤温度达到5℃以前就开始了，并很快达到第一次迅速生长时期。以后，地上部分开始迅速生长，而同时根系生长则趋于缓慢，到秋季地上部分生长趋于停止时，根系又出现一次迅速生长时期，一般到10月以后生长才变缓慢。到冬季，当林木进入休眠期时，根系的生长则随树种不同而有差异，但都趋于停止或变得十分缓慢。根据根系的年生长规律，造林季节最好选择在根系迅速生长之前进行，这样造林后苗木根系能迅速恢复生长，因此，春秋季造林均应坚持适时早栽的原则。

4.高生长

树高的年生长，是指从树木顶芽膨大生长开始到生长停止、新顶芽形成为止这一时间过程。树高年生长开始的时间和持续时间，依树种不同而有差异。开始生长后，各树种的生长速度也不同，有的树种在开始时期生长快，隔一段时间急速下降；有的初期生长缓慢，以后快，且迅速生长持续时间较长、下降速度也较快等多种形式。由此可将高生长划分为如下2种类型：

短速类型。在短期内可完成一年的高生长量，如樟子松、油松等树种。樟子松的年高生长始于4月下旬，生长期只有50天。在其幼龄期，常于夏秋之交，由于雨水充沛、光照充足可引起再生长，但受光照条件限制，持续时间较短，且再生枝条木质化程度低，对越冬不利。

持续类型。在整个生长季中都在进行高生长，如小叶杨、合作杨等阔叶树种。

（二）林木的发育

林木个体发育是林木个体构造和机能从简单到复杂的变化过程，即林木器官、组织或细胞在质上的变化，也就是新增加的部分在形态结构以至生理机能上与原来部分均有明显区别。在高等植物中，发育一般是指达到性机能成熟，就是指林木从种子萌发到新种子形成（或合子形成到植株死亡）过程中所经历的一系列质变现象。林木的生长除了受内部因素（营养物质、代谢机能、激素水平和遗传性等）的调控外，还受环境条件的影响。影响林木正常生长发育的环境条件主要有温度、光照、水分和养分等。关于上述环境因子对林木生长发育的作用和影响，在树木生理学和森林生态学中已经有过系统的论述。在这里需要强调的是，林木个体的生长发育除了受总的环境条件的影响外，还要受个体在林分群落中的地位的制约，特别是受与相邻其他林木竞争关系的制约。在林地水分条件充足的情况下，林木对光的竞争起主导作用：而在水分不足（或不稳定）的情况下，林木对水分的竞争起主导作用。

二、人工林生长发育阶段划分

（一）幼苗阶段

从种子形成幼苗（或萌蘖出苗）到1 ~ 3龄前，或植苗造林后1 ~ 3年属于幼苗阶段，或称成活阶段。这个阶段幼苗以独立的个体状态存在，苗体矮小，根系分布浅，生长比较缓慢，抵抗力弱，任何不良外界环境因素都会对其生存构成威胁。其生长特点是地上部分生长缓慢，主根发育迅速，地下部分的生长超过地上部分。幼苗在这个时期必须克服它自身的局限和外界环境的不良影响，才能顺利成活并保存下来。这个时期森林培育的主要任务就是采取一切技术措施来保证幼苗成活，提高成活率和保存率。

（二）幼树阶段

幼树阶段指幼苗成活后至郁闭前的这一段时期，或称郁闭前阶段。在幼树阶段，幼树仍然以独立的个体状态存在，是扎根和根系大量发生的重要时期。幼苗成活后，幼树逐渐长大，根系扩展，冠幅增加，对立地环境已经比较适应，稳定性有所增强。

在立地条件好、造林技术精细的地方，幼树阶段相对较短，造林后3 ~ 5年即可郁闭成林并进入速生阶段。相反，如果立地条件差或整地粗放、抚育不及时，则幼树阶段相对延长，林分迟迟不能郁闭，常形成“小老树”。在这个时期，某些环境因素（如杂草、干旱、高温等）的不良影响仍然在危害幼树的生长发育，而幼树只有摆脱这种不良环境的影响，才有可能保存下来，并进入郁闭状态。因此，这个时期调控幼树生长的中心任务，就是要及时采取相应的抚育管理措施，改善幼树的生活环境，加速幼林郁闭，以形成稳定的森林群落。

（三）幼龄林阶段

林分郁闭后的5 ~ 10年或更长时间属于幼林阶段，为森林的形成时期。这个阶段是从幼树个体生长发育阶段向幼林群体生长发育阶段转化的过渡时期，幼树树冠刚刚郁闭，林木群体结构才开始形成，对外界不良环境因素（如杂草、干旱、高温等）的抵抗能力增强，稳定性大大提高。同时，在这个阶段的前期，林木个体之间的矛盾还很小，个体营养空间还比较充足，有利于幼林生长发育，开始进入高和径的速生期。

这个时期调控林木生长发育的中心任务，就是要为幼林创造较为优越的环境条件，满足幼林对水分、养分、光照、温度和空气的需求，使之生长迅速、旺盛，为形成良好的干形打下基础，并使其免遭恶劣自然环境条件的危害和人为因素的破坏，使幼林健康、稳定地生长发育。发育较早的树种在这个时期已开始结实，属结实幼年期。

对于充分密集的幼林来说，在幼林阶段的后半段往往会出现一些新的变化。由于林木高和径快速生长，林分出现了拥挤过密的状态，林木开始显著分化，枝下高迅速抬高，林下阴暗且往往形成较厚的死地被物，开始出现自然稀疏现象，这个阶段称为杆材林阶段。这是森林抚育极为重要的一个时期。在密度预先调控适当的人工林中，有时可以躲开或推迟进入这个阶段，而使幼林直接进入中龄林阶段。

（四）中龄林阶段

林分经过幼龄林阶段（可能包括杆材林阶段）而进入中龄林阶段，森林的外貌和结构大体定型。在这个阶段，林木先后由树高和直径的速生时期转入到树干材积的速生时期，在林木群体生物量中，干材生物量的比例迅速提高而叶生物量的比例相对减少。在这个阶段，由于自然稀疏或人工抚育的调节，林分密度已显著地降了下来，再加上林冠层的提高，林下又开始透光，枯枝落叶层分解加速而下木层及活地被物层有所恢复或趋于繁茂，有利于地力恢复及森林防护作用的发挥。因此，这个阶段是森林生长发育比较稳定，而且材积生长加速，防护作用增强的重要阶段。在这个阶段里，由林木体量增大而造成拥挤过密的过程还在延续，仍须通过抚育间伐进行调节。此时，林木已长成适于某些经济利用的大小，间伐可以成为森林利用的一个部分，但利用要适度，还是要以保证林分结构的优化，促进林分旺盛生长为主。中龄林阶段的延续时间因地区和树种而异，一般约为2个龄级，为10 ~ 40年。

（五）成熟林阶段

林木经过中龄林生长发育阶段，在形态、生长、发育等方面出现一些质的变化。从形态上看，林木个体增大到一定程度，高生长开始减缓甚至停滞，树冠有较大幅度的扩展，冠形逐步变为钝圆形或伞状，林下透光增大，有利于次林层及林下幼树的生长发育，下木层及活地被物层更加发育良好，林内生物多样性处于高峰。从生长发育上看，在林木高生长逐渐停滞的过程中，直径生长在相当时期内还维持着较大的生长量，因而材积年生长量及生物量增长均趋于高峰，并在维持一段时期后才逐渐下降。林木大量结实且种子质量最佳，为自身的更新创造条件。在这个阶段，林分与周围环境处于充分协调的高峰期，其环境功能无论是水源涵蓄、水土保持，还是吸收和储存CO_2，改善周边小气候环境都处于高效期。由于林分的成熟是一个循序渐进的过程，成熟阶段也延续相当一个时期，其前半段称为近熟林阶段，后半段为真正的成熟林阶段，共约经过2个龄级，因地区和树种而异，约为10 ~ 40年。成熟林阶段对于用材林来说是个十分重要的阶段，此时林分的平均材积生长量（生物量增长量）达到高峰，且达到了大部分材种要求的尺寸大小，可以开始采伐利用。成熟林阶段对于其他林种来说也是发挥防护和美化作用的高峰期，要充分利用这个

阶段的优势并设法适当延长其发挥高效的时间。这个阶段也是充分考虑下一代更新的重要时期。

（六）过熟林（衰老）阶段

林分经过了生长高峰的成熟阶段，进入逐步衰老的过熟林阶段，这是一切生物发展的必然规律。过熟林阶段的林分主要特征是林木生长趋缓且健康程度降低，病虫、气象（风、雪、雾等）灾害的作用增强。林冠因立木腐朽（从心腐开始）、风倒等原因而进一步稀疏，次林层及幼树层上升，林木仍大量结实但种子质量下降。林分的过熟阶段，可能维持不长时间，因采伐利用、自然灾害或林层演替而终结；也可能维持很长时间，有些树种可达200 ~ 300年。在这个阶段中，木材生产率和利用率在降低，但木材质量可能很好（均为大径级材），而森林的环境功能也可能维持在较好的状态，特别是林内生物多样性仍是很丰富的，有些生物的存在是与虫蛀木、朽木和倒木的存在相联系的。因此，对于过熟林的态度，可能会因培育目的而有所不同。对于自然保护区及防护林中的过熟林，要尽量采取措施保持林木健康而延长过熟林的存在。

对于用材林则要加速开发利用进度以减少衰亡造成的损失。在任何一种情况下都要关心林分的合理和充分的更新。

第三节　树种选择与人工林组成

一、树种选择的原则与方法

（一）树种选择的原则

1.经济学原则

对于用材林来说，木材产量和价值是树种选择的最客观的指标。由于不同的树种在种子来源、苗木培育及其他育林措施方面的成本不同，木材价值不同，所以，所得收益是不同的。假定轮伐期分别为3年、10年、50年的树种，每公顷平均生产的木材价值虽然均为100元，但是实际的收益是不同的，也就是说，对于方案的选择，要用复利的方法进行比较。就像在银行储蓄一样，所得的利息常与预计的风险、投资者从各种投资中可能得到的复利利息等情况有关。

2.林学原则

林学原则是个广泛的概念，它包括繁殖材料来源、繁殖的难易程度、组成森林的格局与经营技术等。尽管繁殖方法和森林培育的其他技术随着现代科学技术的进步发展很快，但是造林树种的选择既需要有前瞻性，又必须与当前的生产实际相结合。繁殖材料来源的丰富程度和繁殖方法的成熟程度，直接制约着森林培育事业的发展速度。

3.生态学原则

森林培育的全过程必须坚持生态学原则，也就是说，森林是个生态系统，造林树种是其重要的组成部分，因而树种的选择必须作为生态系统的组成部分全面考虑。

首先，立地的温度、湿度、光照、肥沃等状况是否能够满足树种的生态要求。

其次，生物多样性保护是森林培育的重要任务，而造林树种的选择是执行这一任务的基础与关键，树种的选择必须坚持多样性原则。

最后，树种选择应考虑形成生物群落中树种之间的相互关系，包括引进树种与原有天然植被中树种的相互关系，也包括选择树种之间的相互关系。因为，在混交林中，各树种是相互影响和作用的，树种选择要考虑到人工林的稳定程度和发展方向，以及为调节树种间相互关系所需要的付出。

（二）树种选择的方法

1.用材林的树种选择

用材林对树种选择的要求集中反映在速生、优质、丰产、稳定和可持续等目标上。我国的树种资源很丰富，乡土材种很多，如落叶松、杨树、泡桐、刺槐、杉木、马尾松、毛竹，引进的速生树种也不少，如松树、桉树等，都是很有前途的速生用材树种。树种的丰产性就是要求树体高大，相对长寿，材积生长的速生期维持时间长，又适于密植，因而能在单位面积林地上最终获得比较高的木材产量。良好的用材树种应该具有良好的形（态）质（量）指标。所谓形，主要是指树干通直、圆满、分枝细小、整枝性能良好等特性，这样的树种出材率高，采运方便，用途广泛。所谓质，是指材质优良，经济价值较大。用材树种质量的优劣还包括木材的机械性质、力学性质。

一般用材都要求材质坚韧、纹理通直均匀、不易变形、干缩性小、容易加工、耐磨、抗腐蚀等。

2.经济林的树种选择

经济林对造林树种的要求和用材林的要求是相似的，也可以概括为速生性、丰产性、优质性三方面，但各自的内涵是不同的。例如，对于以利用果实为主的木本树种来说，速生性的主要内涵是生长速度快，能很快进入结果期，即具有早实性；丰产性的内涵是单位面积的产量高，这个产量有时指目的产品（油脂）的单位面积年产量，这样的数量概念实际上融进了部分的质量概念，如果实的出仁率、种仁的含油率等；优质性则除了出仁率和含油率以外，主要指油脂的成分和品质。在这3个方面中，重点应是后2个方面，经济林的早实性虽有一定重要性，但不像用材林对于速生性的要求那样突出。

二、适地适树

（一）适地适树的意义

适地适树就是使造林树种的特性，主要是生态学特性和造林地的立地条件相适应，以充分发挥生产潜力，达到该立地在当前技术经济条件下可取得的高产水平。适地适树是因地制宜原则在造林树种选择上的体现，是造林工作的一项基本原则。

“地”和“树”是矛盾统一体的2个对立面。适地适树是相对的、变动的。“地”和“树”之间既不可能有绝对的融洽和适应，也不可能达到永久的平衡。我们所说的“地”和“树”的适应，是指它们之间的基本矛盾在森林培育的过程中是比较协调的，能够产生人们期望的经济要求，可以达到培育目的。在这一前提下，并不能排除在森林培育的某个阶段或某些方面会产生相互矛盾，这些矛盾需要通过人为的措施加以调整。当然，这些人为的措施又受一定的社会经济条件的制约。

（二）适地适树的标准

1. 立地指数与树种选择

立地指数能够较好地反映立地特性与树种生长之间的关系，如果能够通过调查计算，了解树种在各种立地条件下的立地指数，尤其是把不同树种在同一立地条件下的立地指数进行比较，就可以较客观地为按照适地适树原则选择树种提供依据。用立地指数判断适地适树的指标也有缺陷，因为它还不能直接说明人工林的产量水平，不同的树种，由于其树高与胸径和形数的关系不同，单位面积上可容纳的株树不同，其立地指数与产量之间的关系也是不同的。

2. 材积生长量与树种选择

平均材积生长量也是衡量适地适树的标准。一个树种在达到成熟收获时的平均材积生长量，不仅取决于立地条件，也取决于密度范围与经营技术水平。因此用它来作为衡量指标就比较复杂。

3. 立地期望值与树种选择

立地期望值实际上相当于在一定的使用期内立地的价值。根据太行山主要乔木树种的轮伐期长度，选用100年作为使用期，列出了太行山区的立地期望值SE的计算公式，这个公式的主要参数有达到轮伐期时的标准蓄积量，出材率，大、中、小径材和等外材所占的比例，整地、造林、抚育和木材生长的各项成本，幼林抚育至主伐的年数，成林抚育至主伐的年数，年利率以及不可预见费等。该项目研究列出了计算云杉、侧柏、华北落叶松、油松、刺槐、栎类、桦木、山杨、青杨等树种立地期望值的参数。这样的计算方法，比较全面地考虑了影响立地质量经济评价的多个因子，把树种的经济效果与立地质量更紧密地联系起来。

（三）适地适树的途径和方法

适地适树的途径是多种多样的，但是可以归纳为两条：第一是选择，包括选地适树和选树适地：第二是改造，包括改地适树和改树适地。

所谓选地适树，就是根据当地的气候土壤条件确定了主栽的树种或拟发展的造林树种后，选择适合的造林地；而选树适地是在确定了造林地以后，根据其立地条件选择适合的造林树种。所谓的改树适地，就是在地和树某些方面不太相适的情况下，通过选种、引种驯化、育种等手段，改变树种的某些特性，使之能够相适。例如，通过育种的方法，增强树种的耐寒性、耐旱性或抗盐碱的性能，以适应高寒、干旱或盐渍化的造林地。所谓的改地适树，就是通过整地、施肥、灌溉、树种混交、土壤管理等措施改变造林地的生长环境，使之适合原来不大适合的树种生长。如通过排灌洗盐，降低土壤盐碱度，使一些不大抗盐的速生树品种在盐碱地上顺利生长；通过高台整地减少积水，或排除土壤中过多的水分，使一些不太耐水的树种可以在水湿地上顺利生长；通过种植刺槐等固氮改土树种增加土壤肥力，使一些不耐贫瘠的速生杨树品种能在贫瘠沙地上正常生长：通过与马尾松混交，使杉木有可能向较为干热的造林区发展等。

选择的途径和改造的途径是互相补充、相辅相成的。改造的途径会随经济的发展和技术的进步逐步扩大。但是，在当前的技术经济条件下，改造的程度是有限的，只能在某些情况下使用，而选择造林树种，使之达到更适地适树的要求，仍然是最基本的途径。

三、混交理论

（一）培育混交林的重要意义

虽然天然林大多是多树种组成的混交林，但因受思想认识等方面的局限，迄今为止国内外森林营造却仍以单一树种的纯林为主。我国自开展大规模森林营造工作以来，主要形成的也是大面积的松、杉、桉树、杨树、泡桐等树种的纯林。由于纯林生态系统的结构和功能比较简单，在许多地区出现了病虫害蔓延、生物多样性降低、林地地力衰退、林分不能维持持续生产力以及功能降低等问题，给林业生产和生态环境建设造成了重大影响。所以无论是国内还是国外，越来越多的林学家提倡培育混交林，以求在可持续的意义上增强森林生态系统的稳定性并取得较好的生态、经济综合效益。

（二）混交理论基础

1.混交林中树种间关系的生态学基础

混交林是由不同树种组成的植物群落，是树木在自然条件下最普遍的存在形式。生活在同一环境中的不同树种必然要对某些资源（包括光、水、养分、空气、热量和空间）产生竞争，根据竞争排斥原理，竞争相同资源的2个物种不能无限期共存，混交林树种的共存说明它们在群落中占据了不同的生态位。事实上，无论在天然混交群落还是在配置合适的人工混交林中，树种往往通过形成不同的适应性、耐性、生存需求、行为等来避开竞争，形成种间互补的对立统一关系。所以，营造混交林能否成功完全取决于2个树种生活要求的相同程度及发生竞争时的能力强弱，也即不同树种生态位的关系。

2.混交林中树种间关系的表现模式

树种间关系的表现模式是指树种间通过复杂相互作用对彼此产生利害作用的最终结果。一般当任何2种以上树种混交时，其种间关系可表现为有利（互助、促进，即所谓正相互作用）和有害（竞争、抑制，即所谓负相互作用）2种情况，是由各树种生态位的差异来决定的。树种间作用的表现方式实际上是中性（0）、促进（+）和抑制（−）3种形式的排列组合，即00、0+、0−、−−、−+和++。因人工混交林中树种所处地位不同（主要树种、辅助树种），所以И.С.契尔诺布里文科将上述种间关系又分为：①单方面利害0−、0+、−0和+0；②双方面利害−−、++、+−和00（前面为主要树种，后面为辅助树种）。其意义与生态学的分类是一致的。

3.树种间相互作用的主要方式

树种间相互作用的方式总体来说可分为两大类，即直接作用和间接作用。直接作用是指植物间通过直接接触实现相互影响的方式；间接作用是指树种间通过对生活环境的影响而产生的相互作用。因为间接作用在混交林种间关系中的普遍存在及重要性，常被认为是在种间起主要作用的方式。混交林种间直接作用方式包括机械的作用方式、生物的作用方式等，生物的作用方式细分为生物物理的作用方式和生物化学的作用方式（化感作用）。间接作用方式主要是指生理生态的作用方式，是通过树种改变林地的环境条件而彼此产生影响的作用方式，林地环境条件包括物理环境（光、水、热、气）、化学环境（土壤养分、pH值、离子交换性能等）和生物环境（微生物、动物和植物）等。

4.树种间关系的复杂性、综合性及其时空发展

混交林树种间相互作用存在着许多方式，这些方式相互影响和相互制约，一种类型的混交林中可以是一种或几种最主要的作用方式在起作用，但也离不开其他次要作用方式的影响，混交林最终表现出来的是多种作用方式相互影响的综合结果，“作用链”就是为描

述混交林树种间相互作用的这种复杂性和综合性而建立的概念。在一定时期，作用链中总有一种或几种树种间作用方式起决定作用，将这些作用方式称为主导作用方式。树种间关系的主导作用方式也是随时间、空间的改变而改变的，反映出树种间关系的时空发展。

四、混交技术

我国混交林培育工作已经开展了近半个世纪，据不完全统计：

我国营造的混交用材林已超过100个组合，人工混交林培育技术也逐步成熟和完善，但天然混交林的培育却只有较少的一些实践，也难以形成完善的培育技术，所以下面阐述的混交林培育技术主要为人工混交林培育技术，同时尽可能涵盖天然混交林的一些研究成果。

（一）混交林和纯林的应用条件

从对混交林和纯林特点的对比可以看出，混交林确实具有优越性，应该在生产中积极提倡培育混交林，但并不能由此得出在任何地方和在任何情况下都必须培育混交林的结论。决定培育混交林还是纯林是一个比较复杂的问题，因为它不但要遵循生物学、生态学规律，而且要受立地条件和培育目标等的制约。

一般认为，可根据下列情况决定营造纯林还是混交林：

第一，培育防护林、风景游憩林等生态公益林，强调最大限度地发挥林分的防护作用和观赏价值，并追求林分的自然化培育以增强其稳定性，应培育混交林。培育速生丰产用材林、短轮伐期工业用材林及经济林等商品林，为使其早期成材，或增加结实面积，便于经营管理，可营造纯林。

第二，造林地区和造林地立地条件极端严酷或特殊（如严寒、盐碱、水湿、贫瘠、干旱等）的地方，一般仅有少数适应性强的树种可以生存，在这种情况下，只能营造纯林。除此以外的立地条件都可以营造混交林。

第三，天然林中树种一般较为丰富，层次复杂，应按照生态规律培育混交林。而人工林根据培育目标可以营造混交林，也可营造纯林。

第四，生产中小径级木材，培育周期短或较短，可营造纯林；反之，生产中大径级木材，则须营造混交林，以充分利用种间良好关系，持续地稳定生长，并实现以短养长。

第五，当现时单一林产品销路通畅，并预测一个时期内社会对该林产品的需求量不可能发生变化时，应营造纯林，以便大量快速向市场提供林产品。但如对市场把握不准，则混交林更易于适应市场变化。

（二）混交类型

1.混交林中的树种分类

混交林中的树种，依其所起的作用可分为主要树种、伴生树种和灌木树种3类。主要树种是人们培育的目的树种，防护效能好、经济价值高或风景价值高，在混交林中一般数量最多，是优势树种。同一混交林内主要树种数量有时是1个，有时是2 ~ 3个。

伴生树种是在一定时期与主要树种相伴而生，并为其生长创造有利条件的乔木树种。伴生树种是次要树种，在林内数量上一般不占优势，多为中小乔木。伴生树种主要有辅佐、护土和改良土壤等作用，同时也能配合主要树种实现林分的培育目的。

灌木树种是在一定时期与主要树种生长在一起，并为其生长创造有利条件的树种。灌木树种在乔灌混交林中也是次要树种，在林内的数量依立地条件的不同不占优势或稍占优势。灌木树种的主要作用是护土和改土，同时也能配合主要树种实现林分的培育目的。

2.树种的混交类型

混交类型是将主要树种、伴生树种和灌木树种人为搭配而成的不同组合，通常把混交类型划分为如下几种：

第一，主要树种与主要树种混交，2种以上的目的树种混交，可以充分利用地力，同时获得多种木材，并发挥其他有益效能。

第二，种间矛盾出现的时间和激烈程度，随树种特性、生长特点等而不同。当2个主要树种都是喜光树种时，多构成单层林，种间矛盾出现得早而且尖锐，竞争进程发展迅速，调节比较困难，也容易丧失时机。当2个主要树种分别为喜光和耐阴树种时，多形成复层林，种间的有利关系持续时间长，矛盾出现得迟，且较缓和，一般只是到了人工林生长发育的后期，矛盾才有所激化，因而这种林分比较稳定，种间矛盾易于调和。需要指出的是，由于不同树种间作用方式的多样性，有时仅仅根据它们生物学特性的相似程度做出其是否适宜混交的判断未必恰当，这在营造混交林时应予以足够的重视。

3.混交林结构模式选定

要培育混交林首先要确定一个目标结构模式。混交林的结构从垂直结构角度分为单层的、双层的及多层的（后两者都可称为复层的），从水平结构角度分为离散均匀的及群团状的，还可从年龄结构角度分为同龄的及异龄的。每一种结构形式及其组合模式（比混交类型概念在含义上更为广泛）都具有深刻的生物学内涵，特别是隐含着不同的种间关系格局。确定混交林培育的目标结构模式（如同龄均匀分布的复层混交林模式或异龄群团分布的单层林模式），取决于森林培育的功能效益目标，取决于林地立地条件及主要树种的生物生态学特性，同时还必须考虑未来的种间关系对于林分结构的形成和维持可能带来的影响。合理的混交林分结构模式建立在种间关系合理调控的基础之上。

4.混交树种的选择

营造混交林首先要按培育目标及适地适树原则选好主要树种（培育目的树种），其次要按培育目标和结构模式选择混交树种（可作为次目的树种或伴生辅佐树种），应该说这是成功的关键。选择适宜的混交树种，是发挥混交作用及调节种间关系的主要手段，对保证顺利成林，增强稳定性，实现培育目的具有重要意义。

如果混交树种选择不当，有时会被主要树种从林中排挤出去，更多的可能是压抑或替代主要树种，使培育混交林的目的落空。混交树种选择一般可参照的条件如下：

第一，选择混交树种要考虑的主要问题是与主要树种之间的种间关系性质及进程。要选择的混交树种应该与主要树种之间在生态位上尽可能互补，种间关系总体表现以互利（++）或偏利于主要树种（+0）的模式为主，在多方面的种间相互作用中有较为明显的有利（如养分互补）作用，而没有较为强烈的竞争或抑制（如生化相克）作用，而且混生树种还要能比较稳定地长期相伴，在产生矛盾时也要易于调节。

第二，要很好地利用天然植被成分（天然更新的幼树、灌木等）作为混交树种，运用人工培育技术与自然力作用密切协调形成具有合理林分结构并能实现培育目标的混交林。

第三，混交树种应具有较高的生态、经济和美学价值，即除辅佐、护土和改土作用外，也可以辅助主要树种实现林分的培育目的。

选择混交树种的具体做法，一般可在主要树种确定后，根据混交的目的和要求，参照现有树种混交经验和树种的生物学特性，同时借鉴天然林中树种自然搭配的规律，提出一些可能与之混交的树种，并充分考虑林地自然植被成分，分析它们与主要树种之间可能发生的关系，最后加以确定。

5.混交方法

（1）星状混交

星状混交是将一树种的少量植株点状分散地与其他树种的大量植株栽种在一起的混交方法，或将栽植成行内隔株（或多株）的一树种与栽植成行状、带状的其他树种相混交的方法。

这种混交方法，既能满足某些喜光树种扩展树冠的要求，又能为其他树种创造良好的生长条件（适度庇荫、改良土壤等），同时还可最大限度地利用造林地上原有自然植被，种间关系比较融洽，经常可以获得较好的混交效果。目前，星状混交应用的树种有杉木或锥栗造林，零星均匀地栽植少量榆、檫木；刺槐造林，适当混交一些杨树；马桑造林，稀疏地栽植若干柏木；侧柏造林，稀疏地点缀在荆条等天然灌木林中等。

（2）株间混交

株间混交又称行内混交、隔株混交，是在同一种植行内隔株种植2种以上树种的混交

方法。这种混交方法，不同树种间开始出现相互影响的时间较早，如果树种搭配适当，能较快地产生辅佐等作用，种间关系以有利作用为主；若树种搭配不当，种间矛盾就比较尖锐。这种混交方法，造林施工较麻烦，但对种间关系比较融洽的树种仍有一定的实用价值，一般多用于乔灌木混交类型。

（3）行间混交

行间混交又称隔行混交，是一树种的1 ~ 2行与另一树种的1 ~ 2行依次栽植的混交方法。这种混交方法，树种间的有利或有害作用一般多在人工林郁闭以后才明显出现。种间矛盾比株间混交容易调节，施工也较简便，是常用的一种混交方法，适用于乔灌木混交类型或主伴混交类型。

（4）带状混交

带状混交是一树种连续种植3行以上构成的“带”与另一树种构成的“带”依次种植。带状混交的各树种种间关系最先出现在相邻两带的边行，带内各行种间关系则出现较迟。这样，可以防止在造林之初就发生一个树种被另一个树种压抑的情况，但也正因为如此，良好的混交效果一般也多出现在林分生长后期。带状混交的种间关系容易调节，栽植、管理也都比较方便。这种方法适用于矛盾较大、初期生长速度悬殊的乔木树种混交，也适用于乔木与耐阴亚乔木树种混交，但可将伴生树种改栽单行。这种介于带状和行间混交之间的过渡类型，可称为行带状混交。它的优点是，保证主要树种的优势，削弱伴生树种（或主要树种）过强的竞争能力。

（5）块状混交

块状混交又称团状混交，是将一个树种栽成一小片，与另一栽成一小片的树种依次配置的混交方法。一般分为规则的块状混交和不规则的块状混交2种。

规则的块状混交，是将平坦或坡面整齐的造林地，划分为正方形或长方形的块状地，然后在每一块状地上按一定的株行距栽植同一树种，相邻的块状地栽种另一树种。块状地的面积，原则上不小于成熟林中每株林木占有的平均营养面积，一般其边长可为5 ~ 10m。不规则的块状混交，是山地造林时，按小地形的变化，分别有间隔地成块栽植不同树种。这样既可以使不同树种混交，又能够因地制宜地安排造林树种，更好地做到适地适树。块状地的面积目前尚无严格规定，一般多主张以稍大为宜，但不能大到足以形成独立林分的程度。

块状混交可以有效地利用种内和种间的有利关系，满足幼年时期喜丛生的某些针叶树种的要求，待林木长大以后，各树种均占有适当的营养空间，种间关系融洽，混交的作用明显。块状混交造林施工比较方便，适用于矛盾较大的主要树种与主要树种混交，也可用于幼龄纯林改造成混交林，或低价值林分改造。

6.混交比例

树种在混交林中所占比例的大小，直接关系到种间关系的发展趋向、林木生长状况及混交最终效益。在确定混交林比例时，应预估林分未来树种组成比例的可能变化，注意保证主要树种始终占优势地位。在一般情况下，主要树种的混交比例应大些，但速生、喜光的乔木树种，可在不降低产量的条件下，适当缩小混交比例。混交树种所占比例，应以有利于主要树种为原则，依树种、立地条件及混交方法等而不同。竞争力强的树种，混交比例不宜过大，以免压抑主要树种；反之，则可适当增加。立地条件优越的地方，混交树种所占比例不宜太大，其中伴生树种应多于灌木树种，而立地条件恶劣的地方，可以不用或少用伴生树种，而适当增加灌木树种的比例。群团状的混交方法，混交树种所占的比例大多较小，而行状或单株的混交方法，其比例通常较大。一般地说，在造林初期伴生树种或灌木树种的混交比例，应占全林总株数的25% ~ 50%，但特殊的立地条件或个别的混交方法，混交树种的比例不在此限。

7.混交林树种间关系调节技术

营造和培育混交林的关键，在于正确地处理好不同树种的种间关系，使主要树种尽可能多受益、少受害。因此，在整个育林过程中，每项技术措施都应围绕兴利避害这个中心。

培育混交林前，要在慎重选择主要树种的基础上，确定合适的混交方法、混交比例及配置方式，预防种间不利作用的发生，以确保较长时间地保持有利作用。造林时，可以通过控制造林时间、造林方法、苗木年龄和株行距等措施，调节树种种间关系。

为了缩小不同树种在生长速度上的差异，可以错开年限，分期造林或采用不同年龄的苗木等。

在林分生长过程中，不同树种的种间关系更趋复杂，对地上和地下营养空间的争夺也日渐激烈。为了避免或消除此种竞争可能带来的不利影响，更好地发挥种间的有利作用，需要及时采取措施进行人为干涉。一般当次要树种生长速度超过主要树种，由于树高、冠幅过大造成光照不足抑制主要树种生长时，可以采取平茬、修枝、抚育伐等措施进行调节，也可以采用环剥、去顶、断根和化学药剂抑杀等方法加以处理。

另一方面，当次要树种与主要树种对土壤养分、水分竞争激烈时，可以采取施肥、灌溉、松土，以及间作等措施，不同程度地满足树种的生态要求，推迟种间尖锐矛盾的发生时间，缓和矛盾的激烈程度。

五、林分密度规律

（一）林分密度作用规律

造林密度是指单位面积造林地上栽植点或播种穴的数量（单位：株/hm^2或穴/hm^2）。

生产中经常使用一些其他密度概念（如初植密度、最大密度、经营密度、相对密度等），对于指导不同阶段的林分密度管理起重要作用。

1.造林密度的林学意义

密度是林分群体结构的数量基础，合理的密度对于林分良好生长发育、提高生物产量和质量的影响颇大。研究造林密度的意义就在于充分了解各种密度条件下林木的群体结构变化，认识林木个体间相互影响、制约和联系的作用规律，掌握林分不同发育阶段密度变化的特点，从而可以借助人为措施合理安排造林密度，优化林分群体结构，保证较好的密度条件，使林分内部各个体间由于对生活因子的争夺而产生的相互抑制作用达到最小，使林分整体在发育过程中始终在人为措施控制之下形成合理的群体结构。

2.密度的作用特点

造林密度随着林分的生长发育过程，对于郁闭成林、林木竞争分化、生长发育优劣均产生重大影响，从而导致人工林速生、丰产、优质水平的变化。

（1）造林密度与林分郁闭

造林密度（初植密度）越大，树木的树冠投影面积越大，林分郁闭得越快；反之，造林密度小、林分郁闭速度就较慢。所以，造林密度的大小与林分郁闭时间的早晚成反比关系。

造林密度与林分郁闭的关系更多地表现在对树冠生长的影响。树冠是林木间发生联系最早的部分，密度的大小直接影响树冠间相互联系的早晚，并对树冠的生长产生较大影响。一般来说，林木冠幅随密度的增加而递减，而且密度大的林分冠幅生长衰退较早，平均冠幅明显下降。林木冠幅的变化又导致林分内生态因子发生改变，造成光照、水分、养分等因子不均衡分配，从而反过来影响树冠的生长。但是，密度变化对冠幅的影响，在经过一定年限以后，就维持在一个较稳定的水平上，一般变化不大。

林分郁闭标志着成林的开始，并已初步具备了森林环境，有一定的自我保护能力（抗性），稳定性增强。通过调节造林密度，使林分适时郁闭，能够有效地抑制杂草侵入，控制侧枝发育以利于自然整枝，促进林木生长发育。当然，密度调节还应考虑造林地立地条件，环境恶劣、立地条件较差时，适当加大密度以促进林分尽快郁闭，提高抗性和稳定性，有益于生长发育；反之，则可适当降低造林密度，经营大径级材。

（2）造林密度与林木生长发育

造林密度对林木生长发育的影响，主要通过林木胸径、树高生长以及地下部分根系的生长状况来衡量。

第一，密度对胸径生长的作用是通过对冠幅的影响产生的。冠幅生长与胸径生长的关系十分紧密，相关系数一般可达0.8 ~ 0.9。对刺槐林的密度研究表明，林木冠径与胸径的关系呈显著的直线正相关，并在此基础上确立了密度变化与胸径生长的关系为，N=

$-331.28+15646.79D^{-1}$，相关系数$r=0.9946$。产生这种结果的主要原因是，由于密度不同改变了林木冠幅大小，而冠幅的大小决定了林木光合作用面积，林木冠幅越大，光合作用面积越大，物质积蓄越多，胸径生长差异也逐渐平稳下来，并维持在一定水平。

第二，密度与树高生长的关系比较复杂，还没有形成统一的认识，特别是由于研究地区的立地条件，研究树种的密度范围以及林木年龄条件彼此各不相同，还没有统一的结论，须进一步研究探索。

更多的研究成果表明，幼林阶段相对较密的林分平均高较稀疏林分平均高有增加的趋势。因为密度较大的林分，侧枝生长受到抑制，并且多数枝条因在光补偿点以下而枯萎，故促进主干高生长。同时，密植林分的个体间产生对光照条件的激烈竞争，出现向上生长的趋势，即所谓“越密越高趋势”。但在成林阶段以后，较密林分中的植株个体随着年龄的增长，对于光照、水分、养分等生活因子的竞争力加强，彼此间的限制性作用不断增大，高生长受到阻碍而达不到应有的高度。与较稀林分相比较，由于其个体生长发育有较大的营养空间，能够得到充足均一的光照，水分、养分条件也较优越，林木高生长表现增加的趋势。所以，随着年龄的增加，平均树高有一种随密度加大而减小的趋势。

第三，不同林分密度对根系的生长也产生较大影响。林木根系的正常生长依赖于地上部分的良好生长发育，而地上部分由于密度变化引起的生长变化，势必影响地下根系的生长。许多试验研究表明，密度较大的林分，林木根系的水平分布范围减小，根系分布深度变浅，并且各级根系交叉密集，相互间盘根错节，伸展方向混杂，根量显著减小。密度对根系的影响具有随密度的增加而生长递减的趋势。这种趋势进一步发展，就会影响根系对水分、养分的吸收，造成地上部分营养不良，生长发育受抑制。

（3）造林密度与材积生长

材积生长通常以单株材积生长量和单位面积蓄积量来反映。不同密度的材积生长量，随生长发育阶段的不同而异。

密度对单株材积的影响，在林分生长初期并不明显，个体发育均有足够的营养空间，彼此间几乎看不到竞争的迹象。随着林龄的增加，树木间生存竞争逐渐加剧，进而产生分化，高矮粗细不均，并出现随密度增加单株材积呈递减规律的变化，而且年龄越大递减程度越大。单株材积大小取决于树高、胸径和形数3个指标，而密度对胸径的影响最大，所以，密度对材积的影响也大。

密度对单位面积蓄积量的影响作用较大。一般来讲，单位面积蓄积量受2个因素支配（$M=NV$），即单株材积（V）和单位面积上的株数（N），二者在不同的林分生长发育阶段，对蓄积量的影响程度各有不同。幼林期，单位面积株数对蓄积量起决定性作用，即密度越大蓄积量越大，但达到一定的密度条件后就稳定下来。在成林阶段以后，林分单株平均材积对蓄积量的影响会逐步取代单位面积株数而上升到主导地位，使得较稀林分的蓄

积量逐渐赶上或超过较密林分的蓄积量，呈现密植林分蓄积量较小、稀植林分蓄积量较大的规律。

（4）造林密度与材质

造林密度对林木材质的影响较大，在密度较小的林分中，光照充足、侧枝发达、冠幅大，但其材质较差、节疤较多、林木尖削度大；如果林分密度过大，虽然林木尖削度不大，但胸径生长受抑制，影响材积生长量。要想获得通直、圆满、产量高的木材必须有适宜的林分密度。由于密度变化可使林木高径生长发生相应的改变，故应通过不断调节密度来控制高径比，以获得不同规格的木材。

（二）密度确定依据与方法

1.确定造林密度的依据

密度对林木生长发育的作用规律，是确定造林密度的主要依据。由于这种规律对树种特性、立地条件、经营条件乃至经营目的都有影响，所以，在确定造林密度时，必须考虑这些条件。现分述如下：

（1）树种特性

不同树种有不同的生物生态学特性，有的树种生长较快，有的树种生长较慢；有的树种前期生长慢，而后期生长快，有的树种前期生长快，而后期生长慢；同时，树种间在耐旱、喜光、耐阴、喜湿等生态适应性上各不相同。这些问题都不同程度地影响造林密度的确定。

一般情况下，速生树种（如杨树类）造林密度可小些，慢生树种造林密度可大些。喜光树种生长迅速、郁闭快、需光量强，可适当稀植；耐阴树种生长较慢、成林晚、需光量弱，可适当密植。树冠小、干形好、自然整枝力强的树种，造林密度可小些；冠形大、主干不强的树种，造林密度可大些。

（2）立地条件

良好的立地条件能够提供充足的营养环境，林木生存需要的水、肥、气、热、光照等条件较为优越，林分生长比较快，造林密度可适当小些；立地条件差的林地，生存环境恶劣，林木生长比较慢，造林密度可适当增大一些。若在好的立地条件下立木过密，会使林木生长不良，立地条件差的林地立木过稀也会影响产量。所以，必须针对具体的立地条件状况，综合考虑确定合理的造林密度。

（3）造林目的

造林目的一经确定，所经营的林种或树种也相应地确定下来。不同林种和树种所对应的林分的结构和密度也不同。

培育用材林是为了获取木材，要求生长迅速、材积生长量高。因此，必须保证林木个体有良好的生活条件，密度应适当小些。另外，还应根据材种的不同要求，相应地调节造林密度。如培育中、小径级材种，应适当密植；培育大径级材，应稀植。还可根据不同径级材种的要求，通过间伐方式调节林分密度。

对于培育防护林，由于防护的目的和对象不同，其造林密度也有所不同。如农田防护林以提高和扩大有效防护范围为目的，要求林带结构多呈疏透状态，造林密度相对小些；水土保持林和防风固沙林是以防止水土流失、控制风沙危害为目的，要求地面覆盖率较大，造林密度应大一些。水土保持林在立地条件良好的情况下密度宜大；固沙林要求密植，但受极端因子限制；农田防护林以防风效果为依据，密度应与透风系数一致；径流泥沙控制林带应密植。

2.确定造林密度的方法

（1）初植密度的确定方法

初植密度的确定，在综合考虑上述原则的基础上，还要考虑苗木在林地上的配置形式、苗木生长与今后发展变化的相互关系，以及林分所需的经营密度。客观上，要保证苗木能够正常成活和生长发育，适时地进入郁闭状态。

第一，按不同配置形式确定造林密度。造林初植密度往往与种植点的配置形式有密切关系，不同的配置形式有不同的株行距，因此在单位面积上就有不同的株数。生产中经常采用的配置形式有正方形、长方形、三角形及植生组（群丛状）等各种形式的种植点数。

第二，按经营目的确定造林密度。这种方法适用于立地条件较优越的地区，所培育树种多为速生型，林分生长郁闭较快，轮伐期短。如杨树速生用材林的培育，造林株行距可采用1m×2m、2m×2m、2m×3m、3m×3m等规格。由于株行距较大，造林初期林地显得空旷，故应间种绿肥和牧草，有条件的地区应进行灌溉、施肥，加速林木成材。用此法确定造林密度还适宜于经济林、城镇绿化、农田防护林等林种。

（2）成林密度的确定方法

林分郁闭后，须对密度进行调节，以满足经营密度的要求，促进林木良好生长，提高产量和质量。因此，必须合理地确定林分密度。

第一，按林木营养面积推算林分密度。林木营养面积大小一般与林木冠幅大小相联系，适宜的冠幅面积（垂直投影面积）代表林木生长发育所占的养分空间。

第二，我国在20世纪70年代以后，开始了按照人工林密度控制图确定林分密度控制图的研究和制订，它是根据密度对林分生长各变量间的变化规律，应用数学分析和数理统计的方法，建立各类密度效应的数学模型并使其反映在直观的图像上，用来确定造林密度、生长预测、定量间伐以及划分经营类型的依据。

（三）种植点配置

1.行状配置

（1）正方形配置

正方形配置，行距和株距相等，相邻株连线呈正方形。这种方式分布比较均匀，具有

一切行状配置的典型特点，是营造用材林、经济林较为常用的配置方式。

（2）长方形配置

长方形配置，行距大于株距，相邻株连线呈长方形。这种配置方式在均匀程度上不如正方形，但有利于行内提前郁闭及行间进行机械化中耕除草，在林区还有利于在行间更新天然阔叶树。长方形配置的行距和株距之比一般小于2，但在有的地方为了更有利于机械化中耕和抚育间伐集材，把行距和株距之比扩大到2以上。

（3）品字形配置

品字形配置强调相邻行的各株的相对位置错开成品字形，行距、株距可以相等，也可以不相等。品字形配置有利于防风固沙及保持水土，也有利于树冠更均匀地发育，是山地和沙区造林中普遍采用的配置方式。

2. 群状配置

群状配置也称簇式配置、植生组配置，植株在造林地上呈不均匀的群丛状分布，群内植株密集，但群间距离很大。群状配置的特点，是群内能很早达到郁闭，有利于抵御外界不良环境因子的危害（如极端温度、日灼、干旱、风害、杂草竞争等），随着年龄增长，群内植株明显分化，可间伐利用，一直维持到群间也郁闭成林。群状配置在利用林地空间方面不如行状配置，所以生长量也不高，但在适应恶劣环境方面有显著优点，故适用于较差的立地条件及幼年较耐阴、生长较慢的树种。在杂灌木竞争较剧烈的地方，用群状配置方式引入针叶树，每公顷200 ~ 400（群），块间允许保留天然更新的珍贵阔叶树种，这是林区人工造林更新中一种行之有效的形成针阔混交林的方法。在华北石质山地营造防护林时，用群状配置方式是形成乔–灌–草结构、防护效益较好林分的主要方法。这种方法也可用于次生林改造。在天然林中，有一些种子颗粒大且幼年较耐阴的树种（如红松）及一些萌蘖更新的树种也常有群团状分布的倾向，这种倾向有利于种群的保存和发展，可加以充分利用并适当引导。

群状配置可采用多种方法进行，如大穴密播、多穴簇播、块状密植等。群的大小要从环境需要出发，从3 ~ 5株到十几株，群的数量一般应相当于主伐时单位面积适宜株数。群的排列可以是规整的，也可随地形及天然植被变化而做不规则的排列。

第五章　人工造林技术

第一节　造林密度与配置

一、确定造林密度的原则和方法

（一）造林密度对林木生长林的影响

密度在森林成林成长过程中起着巨大的作用，了解和掌握这种作用，将有助于确定合理的经营密度，取得良好的效益。密度对林木生长的作用，从幼林接近郁闭时开始出现，一直延续到成熟收获期，尤以在干材林阶段及中龄林阶段最为突出。

1. 密度对树高生长的作用

在这方面很多研究者在不同的情况下取得了不同的结论，综合各国试验结果，可得出以下一些较为统一的认识：①无论处于任何条件下，密度对树高生长的作用，比对其他生长指标的作用要弱，在相当宽的一个中等密度范围内，密度对高生长几乎不起作用。树木的高生长主要由树种的遗传特性、林分所处的立地条件来决定，这也就是为什么把树高生长作为评价立地条件质量生长指标（立地指数）的基本道理。②不同树种因其喜光性、分枝特性及顶端优势等生物学特性的不同，对密度有不同的反应，只有一些较耐阴的树种以及侧枝粗壮、顶端优势不旺的树种，才有可能在一定的密度范围内，表现出密度加大有促进高生长的作用。③不同立地条件，尤其是不同的土壤水分条件，可能使树木对密度有不同的反应。在湿润的林地上，密度对高生长作用不甚明显，而在干旱的林地上，密度的作用较突出，过稀时杂草对树木的竞争作用使其生长受阻，过密时则树木之间的水分竞争使生长普遍受抑，因此只有在适中的密度时高生长最好。

2. 密度对直径生长的作用

①在一定的树木间开始有竞争作用的密度以上，密度越大，直径生长越小，这个作用的程度是很明显的。密度对直径生长的这种效应无疑是和树木的营养面积直接有关的。密度的大小明显影响树冠的发育（冠幅、冠长及树冠表面积或体积），而通过大量研究确认，树冠的大小和直径生长是紧密相关的。

②密度对直径生长的作用还表现在直径分布上。直径分布是研究林木及其树种结构的基础，在林分生长量、产量测定工作中起着重要的作用。描述同龄纯林直径分布的概率密度函数有：正态分布、韦伯分布、对数正态分布、伽玛分布、贝塔分布、泊松分布、奈曼A分布、负二项分布等，其中应用较为广泛的有正态分布和韦伯分布。密度对直径分布作用总的规律是密度加大使小径阶林木的数量增大，而大中径阶的数量减少。

3.密度对单株材积生长的作用

立木的单株材积决定于树高、胸高断面积和树干形数3个因子，密度对这几个因子都有一定的作用。密度对树高的作用如前所述是较弱的。密度对于形数的作用，是形数随密度的加大而加大（刚生长达到胸高的头几年除外），但差数也不大。如在一组松密度试验林中，密度从每公顷2500株增加到30 000株，形数从0.618增至0.689。由于直径受密度的影响最大，断面面积又和直径的平方成正比，因而它就成为不同密度下单株材积的决定性因子。密度对单株材积生长的作用规律与对直径生长的相同，林分密度越大，其平均单株材积越小，而且较平均胸径降低的幅度要大得多，其原因基本上来自个体对生活资源的竞争，也是在干材林及中龄林阶段表现最为突出。

4.密度对林分干材产量的作用

林分干材产量有2个概念：一是现存量，也就是蓄积量；另一是总产量，也就是蓄积量和间伐量（有时还要算枯损量）之和。林分的蓄积量是其平均单株材积和株数密度的乘积。这2个因子互为消长，其乘积值取决于哪个因素居于支配地位。大量的密度试验证明，在较稀的（立地未被充分利用）密度范围内，密度本身起主要作用，林分蓄积量随密度的增大而增大。但当密度增大到一定程度时，密度的竞争效应增强，2个因素的交互作用达到平衡，蓄积量就保持在一定水平上，不再随密度增大而增大，这个水平的高低取决于树种、立地及栽培集约度等非密度因素。研究结果表明植物种群存在合理密度，即在植物种群的不同时期单位面积上生产力最高的密度，不同时期的合理密度不是一个固定值，而是一个范围即合理密度范围（即存在上限合理密度和下限合理密度）。

如果从干材总产量的角度来看密度效应问题，情况就更为复杂一些，但基本规律还是一样的。在林分生长初期，由于密植能使林木更早地充分利用生长空间，从而可在一定程度上增加总产量的观点是得到普遍承认的。这是在营造树种径阶不大的能源林、纤维造纸林时，采用较高的造林密度的理论基础。密度对总产量的效应因为有了合理密度理论也解决了如疏伐能否提高林分生产力等以前认识上的一些模糊问题。通过造林密度的选择、幼林抚育管理、疏伐、间伐等一系列调整密度的方法，使林分从第一次进入合理密度开始，使其密度始终保持在合理密度范围之内，即经多次密度调节最终达到主伐期的方法。系统密度管理法的意义就在于把竞争引起的能量消耗转化为生产，是提高林分生产力的重要途径。

5.密度对林分生物量的作用

研究密度对林分生物量的作用有两方面的意义：首先，对于以生物产量为收获目标的薪炭林、短轮伐期纸浆材林等来说有明显的现实意义；其次，因生物量是林分净第一性生产力的全面体现，更能反映林分的光合生产力，密度的平均个体重几乎相等，单位面积上的生物量随密度的增加而增加。随着时间的变化，个体不断增大，到一定时间后，竞争首先从高密度开始，并逐渐向低密度扩展。竞争产生的抑制作用使个体增长率降低，生长变慢，于是低密度的平均个体重逐渐超过高密度的，各密度间的产量差也随着减小。到一定时间，与高密度相邻的低密度赶上高密度的产量。随着时间的变化，合理密度、合理密度范围不断由高密度向低密度移动，其移动的轨迹就形成合理密度线。从上述也可知道，合理密度是一个范围，存在上限合理密度线和下限合理密度线。树木能够形成典型的合理密度线，且合理密度范围较窄，为林分选择合理密度提供了保证。最适密度理论也适用于收获部分，所以在确定以经济产量为收获目标的林分密度时可采用以上规律。

6.密度对干材质量的作用

造林密度适当增大，能使林木的树干饱满（尖削度小）、干形通直（主要对阔叶树而言）、分枝细小，有利于自然整枝及减少木材中节疤的数量及大小，总的来说是有利的。但如果林分过密，干材过于纤细，树冠过于狭窄，既不符合用材要求，又不符合健康要求，应当避免这种情况的出现。

密度对木材的解剖结构、物理力学性质、化学性质也有影响，但情况较为复杂。一般来看，稀植使林木幼年期年轮加宽，初生材在树干中比例较大，对材质有不利的影响,如稀植杉木林中早材的比例增加，由于早材的管胞孔径大、胞壁薄、壁腔比加大，使木材密度、抗弯强度、顺纹抗弯强度和冲击韧性均降低，木材综合质量下降，又如，我国几个南方型杨树木材S_2层微纤维角和相对结晶度随密度的变小而增大，使木材的力学性质降低；但也有一些树种，如落叶松、栎类，在加宽的年轮中早材和晚材保持一定比例的增长，对材质影响不大。对散孔材阔叶树，年轮加宽也没有什么不利影响。更重要的是对材质不同的目的要求，如对云杉乐器材，要求年轮均匀和细密，应在密林中培养。而对纸浆材来说，如杨树纸浆林中随密度的增大，纤维长度增加、各级纤维的频率分布趋于均匀，因此，加大造林密度也能提高造纸纤维质量。

必须明确，树干形质在更大程度上取决于树种的遗传特性，用密度来促进是有一定限度的。

（二）确定造林密度的原则

1.经营目的

造林密度随林种和材种不同而异。一般来说，用材林的造林密度应小，防护林、薪炭林密度应大。有些防护林对造林密度还有一定的特殊要求。如农田防护林要求有一定结构和透风系数，因此，造林密度结合树种组成应形成所要求的结构。同是用材林，因培育材种不同，造林密度也不同。培育大径材应适当稀植，在培育过程中适时间伐；培育中小径材，密度要大些；经济林需要充分的光照和营养条件才能丰产、优质，造林密度比用材林还要小，其密度一般以相邻植株的树冠既不相互重叠而又充分利用光能为好。

2. 树种特性

各个树种的生长发育，均有其特殊性，如生长快慢、喜光程度、树冠大小、干形以及根系分布情况等都不一样。在确定造林密度时，考虑树种的生物学特性是极为重要的。一般来说，生长慢的、耐阴的、直干性差、树冠或根幅小的树种，应比生长快、喜光、直干性强、冠幅或根幅大的树种栽密一些。但有些喜光树种（如马尾松、油松等）稀植会影响到干形生长，则造林密度要大些，并应注意适时间伐，以利形成良好的干形。此外，移植母竹，因其繁殖较快，栽后2 ~ 3年即能萌生新竹，可以适当疏植。

3. 立地条件

凡气候适宜，土壤肥沃湿润，有利于林木生长的造林地，造林密度应比气候恶劣、高山、陡坡、土质瘠薄的地方小一些。在水土流失严重的地区，应加大造林密度，以利于提高郁闭，增强林木抗性，使林分生长稳定。土壤肥沃、杂草丛生的地区，为抑制杂草生长也可适当密植。

4. 造林技术

造林密度也因所采取的造林技术措施的不同而有差别。总的来说，造林技术越细致，林木生长越迅速，造林密度应越小。仅单项造林技术措施来看，播种造林，一般成活率较低，幼林达到郁闭的时间较长，造林密度应比植苗造林大。如进行林分改造的局部造林比全面造林的密度要小。

总之，确定造林密度的因素是复杂的，必须综合考虑各方面的因素加以确定。一定树种在一定的立地条件和栽培条件下，根据经营目的，能取得最大经济效益、生态效益和社会效益的造林密度，即为应采用的合理造林密度，这个密度应当在由生物学和生态学规律所控制的合理密度范围之内，而其具体取值又应当以能取得最大效益来测算。同时，应该看到在林木生长过程中合理密度不是固定不变的，而是相对的、可变的，因此，要使林木在不同生长发育阶段都保持密度合理，就需要采取人为调节措施。

（三）确定林分密度的方法

1. 经验的方法

从过去不同密度的林分，在满足其经营目的方面所取得的成效，分析判断其合理性及需要调整的方向和范围，从而确定在新的条件下应采用的初始密度和经营密度。采用这种方法时，决策者应当有足够的理论知识及生产经验，否则会产生主观随意性的弊病。

2. 试验的方法

通过不同密度的造林试验结果来确定合适的造林密度及经营密度当然是最可靠的。当前大部分密度试验由于所选择的密度间隔不很合理，得出许多矛盾的结论。在总结以往经验教训的基础上，提出密度试验应遵循的一般原则。首先是指数（或几何级数）原则。生物种群的出生率、死亡率、存活率、植物的生长等数量变化不是按数学级数变化，而是按指数或几何级数变化。因此，在研究种群密度与生产的关系时也必须以指数变化的规律去考虑问题。其次是种质条件一致性原则。即所研究的林分必须是同种、同龄、苗木质量一致。再次是生长条件一致性原则。即树木生长的立地条件等环境条件一致，只有密度不同。

3. 调查的方法

如果在现有的森林中，就存在着相当数量的用不同造林密度营造的，或因某种原因处于不同密度状况下的林分，则就有可能通过大量调查不同密度下林分生长发育状况，然后用统计分析的方法，得出类似于密度试验林可提供的密度效应规律和有关参数。这种方法使用也较为广泛，已得到了不少有益的成果。调查的重点项目，有树冠扩展速度与郁闭期限的关系；初植密度与第一次疏伐开始期及当时的林木生长大小的关系；密度与树冠大小、直径生长、个体体积生长的关系；密度与现存蓄积量、材积生长量和总产量（生物量）的相关关系等。掌握这些规律之后，一般就不难确定造林密度。例如，对于用材林来说，在大量需要小径材（包括薪材）的情况下，可以根据树冠扩展速度，要求林分适时达到郁闭为标准来确定造林密度；在有一定径阶的中小径材有销路的情况，可以根据密度与直径生长的关系等规律，按林分第一次疏伐时就能生产适销径阶的树种，并在经济上合算为准则来确定造林密度；在小径材无销路，并采用林农间作作为初期林地利用方式的情况下，也可以直接按主伐时所需树木大小与密度的关系来确定造林密度。

二、种植点的配置

（一）正方形配置

株行距相等，林木在行内行间均排成直线，行间的两树相对，树冠生长均匀，经济林常用这种方法。

（二）长方形配置

一般株距小于行距，树在行内行间也排列成行，行间树木也是两两相对。造林后株间先郁闭，行间郁闭晚，树冠冠幅行间大株间小，便于机械化，生产中应用较多。

（三）等腰三角形配置

等腰三角形配置也称品字形排列，株距不等或相等，林木行内成直线，行间交错排列树冠镶嵌，以充分利用空间，生产中使用较多。

（四）正三角形配置

正三角形配置是三角配置的一种特殊形式，林内株距，行内行间都相等，株距大于行距，单位面积可增加株数15%，比较适合于经济林。

以上4种配置方式属均匀式。

第二节　造林整地

一、林地的清理

（一）割除法清理

1.全面清理

适用于杂草茂密，灌木丛生或准备进行全面翻垦的造林地。这种清理方式工作量大，增加造林成本，但便于小株行距栽植及机械割除。

2.带状清理

适用于疏林地、低价林地、莎草地、陡坡地以及不进行全面翻垦的造林地。带宽一般1 ~ 2m,较省工，但带窄时不便于使用机械。我国华北石质荒山常采用带状人工割除，将割除物置于未割除带上任其腐烂。

3.块状清理

适用于地形破碎不进行全面土壤翻垦造林地。较灵活、省工，常在造林前清理。块状清理的作用虽较小，但因有利于防止水土流失，因此，在生产上应推广使用。

（二）火烧法清理

1.劈山

劈山的季节各地不同，一般以盛夏7 ~ 8月间较为适宜。这一时期，杂草灌木生长旺盛，地下部分所积累的养分较少，劈除后可抑制其再生能力；杂草种子尚未成熟，易于消灭；此时阳光强烈，杂草灌木砍倒后易于干燥。

2. 炼山

一般在劈山后1个月左右，杂草灌木适当干燥后进行。炼山之前应将周围的杂草灌木适当向中间堆积，打出8 ~ 10m的防火线，并选择无风阴天，从山的上坡点火，群众称为“烧坐火”，周围必须有人看管，严防走火成灾。

炼山清理杉木林迹地具有短期施肥效应，经雨季冲刷，林地肥力急剧下降，至杉木幼林郁闭，林地肥力趋于稳定。杉木不炼山林地，采伐剩余物的覆盖，避免了炼山造成的严重水土流失，经采伐剩余物分解，林地养分得到富集，肥力得到维持。同一林地上，周期性炼山是导致杉木连栽地力衰退的重要原因。因此，应严格控制炼山清理。以往关于火烧清理的利弊争论主要体现在火烧后土壤肥力，土壤物理性质及水土保持方面。目前对火烧清理的负作用有更深入的研究，如火烧清理法可能不利于保持物种的多样性包括土壤微生物的类群、数量等。在生产实际中，人们使用火烧清理法，主要在于它具有简单易行，费用较低的优点。因此，就目前的经济技术条件而言，火烧清理看来很难完全摒弃不用，重要的在于如何合理控制其使用范围和条件，避免大面积炼山。

（三）化学药剂清理

采用化学药剂杀除杂草、灌木的清理方法。这是近年来发展起来的高效、快速的新方法。化学药剂清理灭草效果好，有时可达100%，而且投资少，不易造成水土流失，如林地清理常用的化学除草剂有2,4-D、五氯酯钠、西玛津及氨基硫酸钠、亚硝酸钠、氯酸钠等，但在干旱地区药液配制用水困难，有的药剂可能会造成环境的污染，对生物的毒害作用，目前我国应用不多。

二、造林地整地的方法质量要求

造林地的整地指的是造林前翻耕林地土壤的工序。其目的是为了改善造林地环境条件，提高造林成活率，促进幼林生长，因此，正确、细致、适时地进行整地，是实现人工林速生丰产的基本措施之一。

（一）整地方法

1. 全面整地

全面翻垦造林地土壤，主要适用于平原，无风蚀的沙荒地和坡度15°以下、水土流失轻微的缓坡地，以及林农间作或用来营造速生丰产林的造林地。翻垦深度一般在25cm以上。全面整地幼林生长的效果好，但全面整地用工较多，成本高，有条件的地方可使用机械进行全面整地。但山地造林，全面整地易造成水土流失，因此不提倡全面整地。

2. 带状整地

带状整地是呈长条状隔带翻垦造林地的土壤，在整地带之间保留一定宽度的不垦带。

此法改善立地条件的作用较好，有利于水土保持，便于机械化作业，带状整地适用于平原地区水分较好的荒地，风蚀危害较轻的沙地，坡度平缓或坡度虽大，但坡面平整的山地，以及伐根数量不多的采伐迹地和林中空地等。一般带状整地不改变小地形，如平地的带状整地及山地的环山水平带整地。为了更好地保水保肥，促进林木生长，在整地时也可改变局部地形，如平地可采用犁沟整地、高垄整地。山地则可采用水平阶、水平沟、反坡梯田、撩壕等整地方法。

3.块状整地

即在栽植点周围进行块状翻垦造林地土壤。它不受地形条件限制，省工，成本低，是目前普遍采用的整地方法，广泛应用于山区，丘陵或平原、沙荒、沼泽地等。

块状整地面积大小，应根据立地条件和树种特性，以及苗木规格而定。植被稀疏、土质地疏松，并采用小苗造林，整地规格可小些；反之，宜稍大些。一般边长或穴径都在0.3 ~ 0.5m。

块状整地通常在山地有穴状、鱼鳞坑等整地方法；在平原有坑状、高台等整地方法。

此外，在土层浅薄，岩石裸露，过于贫瘠的石质山地，或土壤较差的平地或山地，可采用客土整地的方法，从其他地方取肥土堆入种植穴内。

（二）造林整地的技术和规格的确定

1.整地深度

整地深度是整地各种技术中最重要的一个指标。确定整地深度时，应考虑地区的气候特点，造林地的立地条件，林木根系分布的特点，以及经济和经营条件等方面。一般来说，在干旱地区、阳坡、低海拔、水肥条件差的地方，深根性树种或速生丰产林，经营强度较大时，整地深度宜稍大，通常在50cm左右；相反，可适当小些。但整地深度的下限，应超过造林常用苗木根系的长度，一般为20 ~ 30cm。

2.破土宽度

局部整地时的破土宽度，应以在自然条件允许和经济条件可能的前提下，力争最大限度地改善造林地的立地条件为原则。具体应根据发生水土流失的可能性，灾害性气候条件，地形条件，植被状况以及树种要求的营养面积和经济条件等综合考虑。在风沙地区和山区，容易发生风蚀和水蚀，整地宽度不宜过大，但还应综合考虑其他条件，如山区坡度不大，杂灌木高大茂密，在经营条件可能的情况下，破土宽度可较大。

3.断面形式

断面形式是指破土面与原地面（或坡面）所构成的断面形式。一般多与造林地区的气候特点和造林地的立地条件相适应。在干旱地区，破土面可低于原地面（如水平沟、坑状整地等），并与地面成一定角度，以构成一定的积水容积。在水分过多地区，破土面可高于原地面（如高垄、高台整地等）。介于干旱和过湿类型之间的造林地，破土的断面也应采用中间类型（如穴状、带状等整地）的形式。

造林整地（包括清理）是一项相当繁重的工作，整地的费用在造林总开支所占的比重也很大。因此，为了减轻劳动强度，降低造林成本和提高劳动生产率，需要不断地进行整地工具的改革，逐步实现机械作业。造林设备如移植桶、北美机械植苗钻等，但在山地采用机械整地的经验还不多，有待于进一步研究发展。

（三）造林整地的季节

整地的时间是保证发挥整地效果的重要环节，尤其在干旱地区更为重要，一般来说，除冬季土壤封冻期外，春、夏、秋三季均可整地，但以伏天为好，既有利于消灭杂草，又有利于蓄水保墒。从整个造林过程来看，一般应做到提前整地，这样有利于土壤充分熟化，杂草灌木根系得到充分腐烂，增加土壤有机质，改善土壤结构，调节土壤水分状况，发挥较大的蓄水保墒作用，提高造林成活率。同时也便于安排劳力，及时造林，不误林时。提前整地，最好是在整地和造林之间有一个较多的降水季节，如准备秋季造林，可在雨季前整地；准备春季造林，可在头年雨季以前或至少也要在秋季整地。因此，提前整地一般是提前1 ~ 2个季节，但最多不超过一年，在实际工作中，进行群众性造林时，整地时间最好与农忙错开。

有风蚀的沙荒地，过早整地易遭风蚀，所以应随整随造，一些新的采伐迹地，土壤疏松湿润，只要安排得好，也可以随整随栽。

（四）造林整地中的环境保护措施

1.造林整地中的环保问题

传统的造林普遍采用集约的整地方式，适当的整地能改善幼林生长环境，提高造林成活率，促进幼林生长。但由于整地铲除植被且松动了土壤，引起了林地水土流失、地力下降等生态环保问题。

（1）整地是导致人工林生态系统严重水土流失的重要因子

不合理整地方式常导致幼林地发生较为严重的水土流失。如杉木幼林地，据张先仪报道，泥质页岩发育的红壤全垦整地径流量3 ~ 4t・hm^2・a^{-1}，遇大暴雨之年可达6t・hm^2・a^{-1}，不同整地方式水土流失量大小顺序为全垦＞撩壕＞水平带垦＞穴垦。另据马祥庆报道，砂岩发育的红壤全垦整地当年土壤侵蚀量达24.49t・hm^2，分别是带垦和穴垦的1.23倍和1.61倍。整地后3年土壤侵蚀量带垦、穴垦和全垦分别是对照的（炼山后未整地）3.45倍、3.92倍、4.28倍。

（2）不同整地方式对人工林生态系统土壤肥力有一定影响

随整地规格加大，林地表层土壤＜0.001mm黏粒及水稳性团聚体下降，＞0.01 mm物理性砂粒增加，表层土壤养分含量下降，整地对林地肥力的影响主要集中在表层，其主要是由不同整地方式林地水土流失差异引起的。如福建尤溪杉木人工林，在砂岩母质的林地上整地对杉木幼林生长有一定影响。虽然不同整地方式林地水土流失表现为全垦＞带垦＞穴垦，但5年生杉木幼林生长表现为：全垦＞带垦＞穴垦，整地对杉木生长的影响主要表现在造林后前4年，随后不同整地方式杉木树高及胸径连年生长量差异逐渐缩小，整地对杉木生长的影响在减小。

2.造林整地中的环境保护措施

自然状态下的森林覆盖着陆地已经几亿年，而没有任何明显的自然衰退现象，保持这种持久生产力的关键是在没有采伐或大的干扰情况下，使所有成熟林最后维持着近似的动态平衡。大量研究表明，皆伐、整地对生态系统营养元素迁移、土壤物理性质与速效性养分供应、土壤微生物和生化活性等多方面产生的负面影响是显著的，土壤肥力随之明显下降，因此以降低林地干扰强度为核心，保持林地可持续利用，必须改革传统整地措施。

第一，尽量采用不炼山方法营造林木，而把剩余物散铺或带状堆腐，从而达到保蓄养分，增加幼林地地表覆盖度，提高土壤湿度，保持水土的目的。如杨玉盛研究指出：马尾松采伐迹地上将采伐剩余物进行带状堆腐，穴状整地营造杉木林，其水土流失量在$0.3t \cdot hm^2$以下，而炼山的则高达$24.8t \cdot hm^2$。

第二，尽量避免采用规格较高的整地方式（如全垦等），宜用小穴整地。一方面小穴整地较经济，亦可满足幼树根系生长：另一方面可减少采伐迹地的破土面积，维持土壤的抗蚀性，并能较大幅度降低土壤侵蚀中推移质的数量。据报道，花岗岩发育的红壤，全垦整地的土壤侵蚀量分别是带垦和穴垦的1.23倍和1.61倍。特别是在坡度较大的地区，极易产生水土流失的迹地，采用不炼山、不整地，人工促进天然更新能大大减少林地水土流失。

第三，应提倡稀植（初植密度应低）制度，特别是当前小径材销路有限，间伐材生产成本较高时更应如此。这样，可避免因种种原因不能及时间伐，林木幼林因密度过大导致其对地上和地下营养空间争夺，从而缩短林木的速生期持续时间及降低其生长量；同时亦可降低因间伐而增加养分净输出；与此同时，稀植对促进林下植被生长作用是明显的，从而有益于林木结构多样性的形成。

第三节　造林方法

一、植苗造林

（一）植苗造林的特点和应用条件

植苗造林也称植树造林或栽植造林。即用苗木栽植在造林地上，使其生长成林的方法。其优点是苗木具有完整的根系，生理机能旺盛，栽植以后容易恢复生长，对不良环境条件有较强的抵抗力，生产较稳定，幼林郁闭早，可缩短抚育年限。另外，所使用的苗木经过苗圃培育，便于集约管理，节省种子。但植苗造林工序较复杂，费用较大，特别是带土大苗栽植。

植苗造林工作几乎不受树种和立地条件限制，是一种应用最普遍，效果较好的造林方法。尤其在干旱、水土流失或杂草繁茂、冻害和鸟兽害比较严重的地方，植苗造林都是一种比较安全可靠的造林方法。

（二）植苗造林的技术要点

1.苗木的准备

（1）苗木种类

植苗造林使用的苗木，有播种苗、营养繁殖苗和移植苗等。但常因营造的林种不同，使用苗木种类也有所不同。如营造用材林，3种苗木都可使用，而山地造林多用播种苗或移植苗。营造防护林和四旁绿化多用移植大苗。近年来，广泛使用容器苗造林，对提高造林成活率有显著的效果。

（2）苗木标准

苗木标准包括苗木年龄和苗木品质等几个方面。苗龄大小关系到苗木的适应性和抗逆性，植苗造林所用苗龄的大小，取决于树种的生物学特性、造林地立地条件和苗木生长情况等。山地大面积造林一般多采用1～2年生小苗，因小苗的育苗、起苗、运苗、栽植都比较省工，在起苗过程中根系损伤也少，栽植过程中容易做到根系舒展，苗木地上和地下部分的水分易于平衡，因此，造林成活率高，生长也比较好。但小苗对杂草及干旱的抵抗力较弱，栽后须加强抚育保护工作。对那些生长缓慢的针叶树苗或在立地条件差的地区造林，用较大的苗木比较适宜。四旁植树和营造风景林、经济林时，为了在短期内见到成效，也多用大苗。

苗木品质是使用良种培育的符合标准的壮苗。这是保证造林成活、成林、成材的基础。用来造林的苗木，除应具有优良的遗传品质外，还必须是优质的标准壮苗。

（3）苗木的保护和处理

植苗造林成活与否的关键在于苗木体内的水分平衡。如果苗木失水过多，生理机能就会受到破坏，栽植后就不易成活。因此，必须从起苗到栽植的过程中保护好苗木，尤其是要把苗木的根系保护好，不让它受损伤和干燥。这就要求尽量缩短从起苗到栽植的时间，使起苗与造林紧密衔接。最好是随起随栽，当天起当天栽。在苗木的运输过程中，要保持苗根湿润，不受风吹日晒。运到造林地后，要及时栽植或假植。如果假植时土壤干燥，要适量喷水。从假植沟中取出的苗木，应放到有湿润草的盛苗器中，并加覆盖，及时栽植。

2.造林季节

造林是季节性很强的一项工作，造林季节适宜，有利于苗木恢复生长，提高造林成活率。最合适的栽植季节，应该是种苗具有较强的发芽生根能力，而且易于保持苗木体内水分平衡的时期，即苗木地上部分生长缓慢或处于休眠期，苗木茎叶的水分蒸腾量最少，根的再生能力最强的时候。同时，外界环境应是无霜冻、气温低、湿度大，适合苗不生根所需要的温度和湿度条件。此外，还要考虑鸟、兽、病、虫危害的规律及劳力情况等因素。我国地跨寒、温、热3个地带，各个地区地形、地势不同，小气候千差万别，再加上造林树种繁多，特性各异，因此，在确定造林季节时，必须因地因树制宜。从全国来看，一年四季都有适宜的树种用于造林。

春季是我国多数地区的主要造林季节。这时，气温回升，土温增高，土壤湿润，有利于苗木生根发芽，造林成活率高，幼林生长期长。春季造林宜早，一般来说，南方冬季土壤不冻的地方，立春后就可以开始造林；北方只要土壤化冻后就应开始造林（即顶浆造林）。早春，苗木地上部分还未生长，而根系已开始活动，所以早栽的苗木早扎根后发芽，蒸腾小易成活。但早春时间短，为抓紧时机，可按先栽萌动早的树种，如松、柏、杨、柳等，后栽萌动迟的树种，如杉木、榆、槐、栎等；先低山，后高山；先阳坡，后阴坡；先轻壤土，后重壤土的顺序安排造林。

在冬春干燥多风，雨雪少，而夏季雨量比较集中的地区（如华北、西南和华南沿海等地），可进行雨季造林。雨季造林天气炎热多变，时间较短，造林时机难以掌握，过早过迟或栽后连续晴天，苗木都难以成活，因此，雨季应在连续阴雨天，或透雨后的阴天进行。雨季造林的树种以常绿树种及萌芽力强的树种为主，如樟树、相思树、桉树、木麻黄、柳树、油松、侧柏等。造林宜用小苗，阔叶树可适当剪叶修枝或带土栽植。尽量做到就地取苗，就地造林，妥善保护苗木，不会枯萎。近些年，随着容器苗造林的发展，应用百日苗、半年生苗或1年半生针叶树容器苗雨季造林，已取得成功的经验。

秋季气温逐渐下降，土壤水分状态较稳定。当苗木落叶或处在生理活动低，地上部分蒸腾大大减少，而在一定时期内，根系尚有一定活动能力，栽后容易恢复生机，来春苗木生根早，有利于抗旱。因此，在春季比较干旱，秋季土壤湿润，气候温暖，鼠兽等动物危害较轻的地区，可以秋季栽植。但秋植不可过早或过迟，过早树叶未落，蒸腾作用大，易使苗木干枯；过迟则土壤冻结，不但栽植困难，而且根系未能完成恢复生根过程，对栽植成活不利。在秋冬雨雪少或有强风吹袭的地区，秋季栽植萌蘖力强的阔叶树种多采用截干栽植，能提高成活率。

在冬季土壤冻结或结冻期很短，因天气不分寒冷干燥的南方地区，可在冬季进行植苗造林，它实际上是春季造林的提前或秋季造林的延续。因此，湿润的地方，除冬季存在严寒和土壤干燥时期应停止造林，一般从秋末到早春期间均可栽植。冬季造林，北方以落叶阔叶树为主，南方林区适合冬季造林的树种很多，有些地方也可以栽竹。

造林季节确定后，还要选择合适的天气。一般多选择雨前、雨后、毛毛雨天、阴雨天进行植苗造林，避免在刮西北大风、南风天气造林。因这种天气，气候干燥，蒸腾量大，造林成活率低。就晴天来讲，应尽量避免在阳光强烈、气温高的中午造林。

3.栽植方法

植苗造林可分为裸根苗栽植和带土苗栽植两大类。大面积栽植主要采用裸根苗。

（1）裸根苗栽植

即苗木根部不带土的栽植方法。目前，除部分平原地区、草原和沙地采用机械化植苗外，大部分地区多用手工栽植。手工栽植常用的方法有：穴植法、靠壁植和缝植等方法。

第一，穴植法即在经过整地的造林地上挖穴栽植。它是生产上应用最普通的一种方法。常用于栽植侧根发达的苗木。栽植前，应认真挖好栽植穴，表土和心土分别放置。栽植时根系放入穴中，使苗根舒展，苗茎挺直，然后填入肥沃表土、细土，当填到穴的2/3时，将苗木稍向上轻提一下，使苗根伸直，防止窝根和栽植过深。然后踩紧，再将余土填满，再踩实。最后覆盖松土，以减少水分蒸发。这个过程叫“三埋二踩一提苗”。同时，栽时要注意栽植深度适当，不能太深或过浅，一般适宜的深度应比苗木在苗圃地时的根颈处深2 ~ 3cm，具体栽植深度因树种、苗木大小、造林季节、土壤质地而异。穴植法栽苗成活的技术关键是：穴大根舒、深浅适当、根土密接。

第二，靠壁栽植又称小坑靠边栽植，类似穴植法。但穴的一壁要垂直，栽植时使苗根紧贴垂直，从另一侧填土培根踩实。栽植工序如穴植。此法省工并可使部分苗根与未被破坏毛细管作用的土壤密接，能及时供应苗木所需水分，有利苗木成活，所以常用于较干旱地区针叶树小苗的栽植。

第三，缝植法，指在植苗点上开缝栽植苗木的方法。栽植时先用锄头（镐）或植苗锹开一缝穴，并前后推挖，缝穴深度略比苗根长，随手将苗木根系放入窄缝中使苗根和土壤紧贴，防止上紧下松和根系弯曲损伤。缝植法栽植效率高，如按操作技术认真栽植，可保证质量。但缝植法只适用于疏松的沙质土和栽植侧根不多的直根系树种的小苗。

（2）带土苗栽植

指起苗时根系带土，将苗木连土团（球）栽植在造林地上的方法。由于根系有土团包裹，能保持原来分布状态，不受损伤，且栽植后根系不易变形，容易恢复吸水吸肥等生理机能，所以，苗木成活率高，成林快，能尽快地达到绿化目的。但此法起运苗木困难，栽植费工，大面积造林不宜采用。带土苗栽植常用于容器苗造林、城市绿化、四旁植树或珍贵树种大苗栽植。

以上介绍的各种植苗造林方法，都限于手工操作。而在宜林地集中、面积广大、地形平坦的地区，如中国东北、西部一些地方，目前已采用机械造林，使开沟、植苗、培土、镇压连续进行，大幅度提高工效，减轻了栽苗工作繁重的体力劳动，降低成本。目前，平地机械化植苗造林已取得成功经验，山地的植苗造林机械问题，尚有待研究发展。

二、播种造林

（一）播种造林的特点及应用条件

播种造林不经过育苗，省去了栽植工序，是造林方法中操作简便、费用低、节约劳力、易于机械化的一种方法。同时，直播造林与天然下种相似，植株能形成完整而发育均衡的根系，比移植苗自然。幼树从出苗之初就适应造林地的环境，生长良好，能提高林分质量。但直播造林耗种量大、成活率低、成林慢，特别在造林地差、动物危害严重的地方，直播造林难于成功。因此，生产上不如植苗造林应用广泛。

播种造林的应用条件：一是气候条件好，土壤比较湿润疏松，杂草较少，鸟兽危害较轻或植苗造林和分殖造林困难的地方来用；二是播种造林树种应是种源丰富，发芽力强的松类、紫穗槐、柠条、花棒、梭梭等，以及大粒种子，如栎类、核桃、油桐、油茶等。此外，移植难成活的树种，如樟树、楠木、文冠果等，也可采用播种造林。对于边远地区、人烟稀少地区播种造林更为适宜。

（二）人工播种造林

1. 播种季节

（1）春播

春季气温、地温、土壤水分等条件都适于播种造林，特别是松类等小粒种子。春播也宜早不宜迟，早播发芽率高，幼苗耐旱力强，生长旺盛。但有晚霜危害的地区，春播不宜过早，应使幼苗在晚霜过后出土。

（2）秋播

秋季气温逐渐下降，土壤水分较稳定，适于大粒种子播种，如核桃、油桐、油茶等。秋播不需储藏种子，种子在地下越冬，不具有催芽作用，翌年发芽早，出苗齐。但要注意不宜过早栽种，防止当年发芽越冬遭冻害。此外，要防鸟类和鼠类危害。

（3）雨季播种

在春旱较严重的地区，可利用雨季播种。此时气温高，湿度大，播种后发芽出土快，只要掌握好雨情，及时播种，也容易成功。通常较稳妥的办法是用未经催芽的种子，在雨季到来前播种，遇雨则发芽出土。雨季播种还应考虑到幼苗在早霜到来以前就能充分木质化。

2. 播种造林方法

（1）种子处理

播种前种子处理包括：精选消毒、浸种和催芽。处理方法与育苗时种子处理相同。

在病、虫、鸟、兽危害严重的地区，为了防治立枯病，常用敌克松（用药量为种子量0.5% ~ 1.0%）、福尔马林浸种（40%水溶液按1 ： 300稀释），浸种15 ~ 30min，闷种2h; 用西维因（50%可湿性粉剂300 ~ 500倍液喷雾）杀金龟子、步行虫等; 涂铅丹防鸟兽; 用磷化锌、敌鼠钠盐防鼠害等。

（2）播种方法

第一，穴播。在经过整地的造林地上，按设计的株距挖穴播种，施工简单，是人工播种造林中应用最多的一种。一般穴径33cm × 33cm，深25cm左右，穴内石块草根要拣净，挖出的土要打碎填回穴内。先填入上层湿润肥沃的土壤，播大粒种子填到距地面7cm左右；播小粒种子填到与地面平，整平踩实后播种。小粒种子可适当集中，以利幼苗出土。大粒种子可分散点播，并且横放，有利生根发芽出土。播种量，大粒种子每穴2 ~ 5粒；中粒种子每穴5 ~ 8粒；小粒种子每穴10 ~ 20粒。覆土后用脚轻轻踩实。

第二，缝播，又称偷播。在鸟兽危害严重，植被覆盖度不太大的山坡上，选择灌丛附近或有草丛、石块掩护的地方，用镰刀开缝，播入适量种子，将缝隙踩实，地面不留痕迹。这样可避免种子被鸟兽发现，又可借助灌丛、高草庇护幼苗，具有一定的实践意义。但不便于大面积应用。

第三，条播。在经过带状地或全面整地的造林地上，按一定的行距开沟播种。一般行距1 ~ 2m，在播种沟内连续行状播种，或断续行状穴播。多用于采伐迹地更新及次生林改造（引进针叶树种），也可用在水土保持地区或沙区播种灌木树种。但常因受地形限制，一般应用不多。

（3）覆土

覆土的目的在于蓄水保墒，为种子的发芽出土创造条件，同时还可以保护种子，避免遭鸟兽危害。因此，覆土是影响播种造林成败的重要因素之一。覆土厚度可根据种子大小、播种季节和造林自然条件来确定。一般大粒种子覆土厚5 ~ 8cm，中粒种子2 ~ 5cm，小粒种子1 ~ 2cm。注意秋播覆土宜厚，春播宜薄；土壤黏重、湿度较大的情况下宜薄，沙质土覆盖时可适当加厚。

（三）飞机播种造林

飞机播种造林，简称为飞播造林或飞播，是利用飞机把林木种子直接播种在造林地上的造林方法。飞播造林具有活动范围大、造林速度快、投资少、成本低、节省劳力、造林效果好、不受地形限制等优点。几十年以来，中国的飞机播种造林从无到有，从小面积试验成功到大面积推广和持续发展，取得了举世瞩目的成绩，对于优化和改善我国的生态环境、推动和促进农村经济发展、加速林业建设、调整农村产业结构都起到了积极推动的作用。飞机播种随着技术难点的突破和先进技术成果的推广，适用范围不断扩大，优越性越来越显著，特别是在人力难及的高山、远山和广袤的沙区植树种草，进行生态环境建设中肩负着特殊的使命和责任，有着不可替代的作用。

1. 飞机播种造林的特点

与人工造林相比，飞机播种造林有下列特点：

（1）速度快，效率高

根据测定，一架运F−12飞机一个飞行日可播种1333 ~ 2667hm^2，分别相当于2000 ~ 5000个劳动日的造林面积。随着飞机播种造林技术的日益成熟，在营造林生产中的比重逐步加大，飞机播种造林的造林速度会进一步加快。

（2）投入少，成本低

据统计，目前我国飞机播种造林的直接成本为每公顷125元，加上后期管护费平均每公顷150 ~ 300元，仅为人工造林的1/5 ~ 1/4。在国家财力有限，林业生态工程建设投入总体上不足，而造林任务又非常繁重的实际情况下，节约造林成本是根本措施。

（3）不受地形限制，能深入人力难及的地区造林

我国地域辽阔，地形复杂，丘陵、山地和高原占国土面积的69%，沙区面积占15.9%，这些地区是生态环境建设的重要地区，也是造林难度较大的地区。目前全国宜林地比较集中地分布在大江大河的中上游、人迹罕至的高山远山和沙地，仅三北地区就有425 × 104hm^{2}适宜飞播的造林地，其中沙区面积258 × 104hm^2。这些地区交通不便，人口稀少，经济贫困，是飞机播种造林的广阔天地。

2. 飞机播种造林技术

（1）规划设计

规划设计是搞好飞机播种造林的前提。规划设计要严格按照飞机播种造林的技术规程进行。

①总体设计首先是确定播种地区

我国各地自然条件的差异很大，如果按照各地的水分条件划分，可以分为干旱、半干旱、半湿润、湿润地区。为了获得良好的飞播效果，飞播应主要在中国东南部降水量500mm以上的湿润、半湿润地区进行。其次是在综合农业区划、林业区划和造林绿化规划的基础上，以县为单位编制出飞播造林（种草）规划。其内容主要包括播区名称、位置、面积、树（草）种、投资概算等。最后，调查播区的地形地貌、海拔、土壤、植被、气温、水分、光照等自然条件对于飞播造林的适宜性；调查播区附近是否有符合飞播使用机型要求的机场，如果航程过远，可根据需要报请省（自治区、直辖市）林业、航空主管部门批准，修建临时机场。

②作业设计

播区选择和调查：要求播区的自然条件适合飞机播种造林，适合飞播所选择树种的生

长。播区的荒山荒地要集中连片，一个播区至少应有一个架次飞播的面积，宜播面积应占播区面积的70%以上。播区的地形比较一致，便于飞行作业。

采取路线调查和标准地调查相结合的方法，调查播区的植被条件、土壤条件、气象因子和社会经济条件。

飞机机型与机场选择：根据播区地形地势和机场条件，选择适宜的机型；根据播区布局和种子、油料运输等，就近选择机场。

航向、航高和播幅设计：一般航向应尽可能与播区主山梁平行，沙区与沙丘脊垂直，并与作业季节的主风方向相一致；航高与播幅根据树（草）种特性、选用机型、播区地形条件确定，一般每条播幅的两侧要各有15%左右的重复，地形复杂和方向多变的地区要重复20%。

（2）作业技术

主要包括树（草）种选择、植被处理、整地和播种等。

第一，树（草）种选择。根据造林目的，坚持适地适树的原则，并综合考虑树种供应条件等。

第二，植被处理。一般植被不进行处理；对草类盖度在0.7以上、灌木盖度0.5以上的地块，应进行植被处理设计；水土流失和植被稀少地区应提前封山育林。植被处理可以用炼山、人工割灌或先割灌后炼山等方法进行。

第三，整地在干旱少雨地区和干湿季节明显地区，根据社会、经济条件，可采取全面或部分粗放整地。

第四，播种首先要严把种子质量关，坚持使用国家规定等级内的良种、好种，建立严格的种子检查、检验制度，种子检验由国家认可的种子检验单位进行。

飞播用的种子须提前进行药剂拌种处理，以预防鸟兽危害，节约用种，保证飞播质量。

在保证种子落地发芽所需的水热条件和幼苗当年生长达到木质化的条件下，以历年气象资料分析为基础，结合当年天气预报，确定最佳播种期。

飞行作业：要航向正确，只能南北，不可东西，因东西向会影响视线，难以保证飞行质量；要控制航高，以免出现漏播和落种不均匀；要搞好天气预报，保证飞行安全；要搞好机场指挥，保证与播区的良好联系。

成效调查和补植补播：飞播后要对造林成效进行全面调查。由于我国飞播造林受播区立地条件、气候条件、种子质量、播种技术等条件的影响，成效面积只占播种面积的50%左右，为提高飞机播种造林成效一般在飞播造林后须进行补播补植。补播补植的树种可以和前播树种一致，也可以不一致，以形成混交林。

坚持封山育林：飞播造林的面积大、范围广，而且因为造林时造林地处理粗放，幼苗生长的环境条件差，从播种到成林所需的时间比人工造林长，因而，封山育林是巩固飞播造林成效的重要手段。飞播后播区要全封3 ~ 5年，再半封2 ~ 3年。全封期内严禁开垦、放牧、砍柴、挖药和采摘等人为活动；半封期间可有组织地开放，开展有节制的生产活动。

三、分殖造林

（一）分殖造林的特点及应用条件

由于分殖造林是直接利用树木的营养器官作为造林材料，所以，能节省育苗的时间和费用，造林技术比较简单，造林成本低；幼林初期生长较快，能提早成林，缩短成材期和迅速发挥各种有益效能，可保持母树的优良特性。

分殖造林要求造林地土壤湿润疏松，以地下水位高、土层深厚的河滩地，潮湿沙地，渠旁岸边等较好。分殖造林适用的树种，必须是无性繁殖能力强的树种，如杉木、杨树、柳树、泡桐、漆树和竹类等，因此，分殖造林受树种和立地条件的限制较大。分殖造林材料的来源较困难，形成的林分生长较早衰退，因而，分殖造林不便于大面积造林时应用。

（二）分殖造林的方法和技术要点

1.分殖造林季节

春季气温回升，土壤温度增高，相对湿度大，适宜分殖造林。分殖造林一般先发根或生根与发芽同时开始，能保持水分平衡，分殖造林成活率高，幼苗发育良好。秋季气温逐渐下降，土壤水分趋于稳定，地上部分蒸腾大为减少，掌握在树叶刚刚脱落，枝条内的养分尚未下降至根部以前进行插条造林，翌春插条生根早，有利成活。但插时要深埋，以免冬季低温及干旱危害。另外，在冬季不结冻的地区，也可以进行插木造林。

2.分殖造林的方法

（1）插木造林

即从母树上切取枝干的部分，直接插入造林地，使其生出不定根，培育成林的方法。插木造林在分殖造林中应用最广泛。根据插穗的粗细、长短和具体操作的不同，又分为插条法和插干法2种。

第一，插条法用1 ~ 2年生，粗1 ~ 1.5cm左右的萌条，截成大约50cm的插穗，直接造林。扦插深度，常绿树种可达插穗长度1/3 ~ 1/2；落叶树种在土壤水分较好的造林地上，地上部分可留5 ~ 10cm，在干旱地区可全部插入土中。秋季扦插时，为了保护插穗顶部不致在早春风干。扦插后及时用土埋住插穗的切口，可防插穗失水。

第二，插干法是利用幼树树干和苗干等直接插在造林地上，使它生长成林的方法。多用于四旁绿化、低湿地和沙区。适用于萌芽生根力强的树种，如柳树、杨树等。

高干造林的干长为2 ~ 3.5m，栽植深度因造林地的土壤质地和土壤水分条件而异，原则上要使苗干的下切口处于能满足生根所要求的土壤温度和通气良好的层次，一般为0.4 ~ 0.8m。

低干造林的干长为0.5 ~ 1.0m，如果单株栽植不易成活时，每穴可栽2 ~ 4株，以保证栽植点的成活率。

插干造林要掌握填湿润土壤、深埋、踩实、少露头等要领。而要求坑挖深，底土翻松，栽植时填土踩实，并在基部培松土。在风蚀沙地，宜深埋不露；易被沙埋时，插干宜长，地上外露部分也可长些。

（2）分根造林

即从母树根部挖取根段，直接埋入造林地，让它萌发新根，长成新植株的造林方法。适用于根的再生能力强的树种，如泡桐、漆树、刺槐、香椿、文冠果等。具体做法是：从根部挖取2 ~ 3cm粗的根条，并剪成15 ~ 20cm长的根段，倾斜或垂直插入土中，注意不可倒插。上端微露并在上切口封土堆，防止根段失水，有利成活。如果插植前，用生长素处理，可促进生根发芽，提高成活率。分根造林成活率高，但根穗难以采集，插后还应细致管理，因而不适宜大面积造林。

（3）分蘖造林

从毛白杨、山杨、刺槐、枣树等根蘖性强的树种根部长出的萌糵苗连根挖出用来造林。

综上所述，分殖造林的方法多种多样，各地方应根据自然条件及所造的造林树种，因地制宜地确定合适的方法。

第四节　幼林抚育管理

一、幼林抚育管理的内容和方法

“三分造林，七分管护”，这充分说明幼林抚育保护的重要，其管护的目的在于创造优越的环境条件，满足幼树对水、肥、气、热和阳光的要求，促进成林、成材。

（一）松土除草

1.松土除草的意义

松土除草是幼龄林抚育措施中最主要的一项技术措施。松土的作用在于疏松表层土壤，切断上下土层之间的毛细管联系，减少水分物理蒸发；改善土壤的保水性、透水性和

通气性；促进土壤微生物的活动，加速有机物的分解。但是，不同地区松土的主要作用有明显差异，干旱、半干旱地区主要是为了保墒蓄水；水分过剩地区在于排除过多的土壤水分，以提高地温，增强土壤的通气性；盐碱地则希望减少春季返碱时盐分在地表积累。

除草的作用主要是清除与幼林竞争的各种植物。因为杂草不仅数量多，而且容易繁殖，适应性强，具有快速占领营养空间，夺取并消耗大量水分、养分和光照的能力。杂草、灌木的根系发达、密集，分布范围广，又常形成紧实的根系盘结层，阻碍幼树根系的自由伸展，有些杂草甚至能够分泌有毒物质，直接危害幼树的生长。一些杂草灌木作为某些森林病害的中间寄主，是引起人工林病害发生与传播的重要媒介。灌木、杂草丛生处还是危害林木的啮齿类动物栖息的地方。据研究，未除草的幼林地，其7 ~ 9月份地下10cm处的土壤含水率低于除草的幼林16% ~ 68%。

2. 松土除草的年限、次数和时间

松土除草一般同时进行，也可根据实际情况单独进行。湿润地区或水分条件良好的幼林地，杂草灌木繁茂，可只进行除草（割草、割灌）而不松土，或先除草割灌后，再进行松土，并挖出草根、树根；干旱、半干旱地区或土壤水分不足的幼林地，为了有效地蓄水保墒，无论有无杂草，只进行松土。

松土除草的持续年限应根据造林树种、立地条件、造林密度和经营强度等具体情况而定。一般多从造林后开始，连续进行数年，直到幼林郁闭为止。生长较慢的树种应比速生树种的抚育年限长些，如东北地区落叶松、樟子松、杨树可为3年，水曲柳、紫椴、黄波罗、核桃楸可为4年，红松、红皮云杉、冷杉可为5年。造林地区和造林地越干旱，或植被越茂盛，抚育的年限应越长；气候、土壤条件湿润的地方，也可在幼林高度超过草层高度不受压抑时停止。造林密度小的幼林通常需要较长的抚育年限。速生丰产林整个栽培期均须松土除草，持续年限更长，但后期不必每年都进行。每年松土除草的次数，受造林地区的气候条件、造林地立地条件、造林树种和幼林年龄以及当地的经济状况制约，一般为每年1 ~ 3次。松土除草的时间须根据杂草灌木的形态特征和生活习性，造林树种的年生长规律和生物学特性，以及土壤的水分养分动态确定。

3. 松土除草的方式和方法

松土除草的方式应与整地方式相适应，也就是全面整地的，进行全面松土除草，局部整地的进行带状或块状松土除草，但这些都不是绝对的。有时全面整地的可以采用带状或块状抚育，而局部整地也可全面抚育，或造林初年整地范围小，尔后逐步扩大，以满足幼林对营养面积不断增长的需求。

松土除草的深度，应根据幼林生长情况和土壤条件确定。造林初期，苗木根系分布浅，松土不宜太深，随幼树年龄增大，可逐步加深；土壤质地黏重、表土板结或幼龄林长期缺乏抚育，而根系再生能力又较强的树种，可适当深松；特别干旱的地方，可再深松一些。总的原则是:（与树体的距离）里浅外深；树小浅松，树大深松；砂土浅松，黏土深松；湿土浅松，干土深松。一般松土除草的深度为5 ～ 15cm，加深时可增加到20 ～ 30cm。据研究，竹类松土深度大于30cm，比不松土出笋量增加80%，并且不会导致一两年内出笋量下降。松土45cm能显著增粗新竹胸径。深挖使出笋率提高的同时，退笋率也相应提高。

（二）灌溉与排水

1.灌溉的意义

灌溉作为林地土壤水分补充的有效措施，已成为人工林管理的一项重要措施。灌溉对提高造林成活率、保存率，提早进入郁闭，加速人工林的生长具有十分重要的作用。灌溉能够改变土壤水势，改善树体的水分状况，促进林木生长；在土壤干旱的情况下进行灌溉，可迅速改善林木生理状况，维持较高的光合和蒸腾速率，促进干物质的生产和积累；灌溉使林木维持较高的生长活力，激发休眠芽的萌发，促进叶片的扩大、树体的增粗和枝条的延长，以及防止因干旱导致顶芽的提前形成；在盐碱含量过高的土壤上，灌溉可以洗盐压碱，改良土壤，甚至可以使原来的不毛之地变得适宜乔灌木生长。据研究，在干旱的4 ～ 6月对毛白杨幼林进行灌溉，可提高叶片的生理活性，增加光合速率，增加叶片叶绿素和营养元素的含量，可使毛白杨幼林胸径和树高净生长量分别提高30% ～ 40%。目前由于条件的限制，人工林灌溉只能在较小范围内进行。

2.合理灌溉

（1）灌溉时期

林地是否需要灌溉要从土壤水分状况和林木对水分的反应情况来判断，幼林可在树木发芽前后或速生期之前进行，使林木进入生长期有充分的水分供应，落叶后是否冬灌可根据土壤干湿状况决定。对4年生泡桐幼树进行的生长期不同月份的灌溉试验表明，7、8、9月灌溉，既不能显著影响土壤含水量，也不能显著影响泡桐胸径和新梢生长；4、5、6月灌溉可以显著提高土壤含水量，而且4月份灌溉还可以显著地促进胸径和新梢的生长。

（2）灌水的流量和灌水量

灌水流量是单位时间内流入林地的水量。灌水流量过大，水分不能迅速流入土体，造成地面积水，既恶化土壤的物理性质，又浪费用水；流量过小使每次灌水时间拉长，地面湿润程度不一。灌水量随树种、林龄、季节和土壤条件不同而异。一般要求灌水后的土壤湿度达到田间持水量的60% ～ 80%即可，并且湿土层要达到主要根群分布深度。

3.灌溉水源

（1）引水灌溉

在水源条件允许的情况下，灌溉主要是靠引水灌溉。引水灌溉包括蓄水和引水，蓄水主要是修建小水库，引水是从河中引水灌溉。

（2）人工集水

在干旱和半干旱地区，由于气候、地理和社会因素的综合影响，植被稀少，风速较大，蒸散强烈，土壤水分损失加快，旱情严重，林木成活和正常生长受到严重制约。由于林业用地的复杂性，干旱半干旱地区的很多地方不具备引水灌溉的条件。黄土高原的大部分地区多年平均降水量为300 ~ 600mm，而且降水的时空分布极不平衡，雨季相对集中于7、8、9月，春旱严重，伏旱和秋季干旱的发生率也很高。因此，汇集天然降水几乎成为当地林业用水的唯一来源。在年降水量不足400mm的半干旱黄土丘陵区，根据不同树种对水分的生理要求与区域水资源环境容量采用了径流林业配套措施，人工引起地表径流并就地拦蓄利用，把较大范围的降水以径流形式汇集于较小范围，使树木分布层内的来水量达到每年1000mm以上，改善林木生长的土壤水分条件，造林成活率达到95%以上，加速了林木生长，使抗旱造林有了突破性进展。

集水技术为林业生产开辟了新的水资源，使其所收集的水被储存在土壤层中，如能就近修筑贮水窖或贮水池，则可使雨季的降水集中起来，供旱季使用。由于土壤剖面蓄水含量的有限性，在雨水补给地区的旱季还是没有充足的水分供应。

（3）井水灌溉

有地下水资源可供利用而又有必要时可打井取水灌溉。

4.灌溉方法

（1）漫灌

漫灌工效高，但用水量大，要求土地平坦，否则容易引起冲刷和灌水量不均。

（2）畦灌

土地整为畦状后进行灌水。畦灌应用方便，灌水均匀，节省用水，但要求作业细，投工较多。

（3）沟灌

沟灌的利弊介于漫灌和畦灌之间。

（4）节水灌溉

节水灌溉是指灌溉用水少、水分利用率高的先进的灌水技术，包括喷灌、微灌和自动化管理。目前，我国重点推广的节水灌溉技术有管道输水技术、喷灌技术、微灌技术、集雨节水技术、抗旱保水技术等。

第一，低压管道输水灌溉。低压管道输水灌溉又称管道输水灌溉，是通过机泵和管道系统直接将低压水引入田间进行灌溉的方法。这种利用管道代替渠道进行输水灌溉的技术，避免了输水过程中水的蒸发和渗漏损失，节省了渠道占地，能够克服地形变化的不利影响，省工省力，一般可节水30%，节地5%，普遍适用于我国北方井灌区。

第二，喷灌。它是利用专门设备把水加压，使灌溉水通过设备喷射到空中形成细小的雨点，像降雨一样湿润土壤的一种方法。

①优点：节约用水，增加灌溉面积——比地面灌溉省水30% ~ 50%；保持水土——水滴直径和喷灌强度可根据土壤质地和透水性大小进行调整，能达到不破坏土壤的团粒结构，保持土壤的疏松状态，不产生土壤冲刷，使水分都渗入土层内，避免水土流失的目的；节地——可以腾出占总面积3% ~ 7%的沟渠占地，提高土地利用率；适应性强——不受地形坡度和土壤透水性的限制。另外还能节省劳动力。

②在下列情况用喷灌时应注意：受风的影响大，风力在3 ~ 4级时应停止喷灌。蒸发损失大。由于水喷洒到空中，比在地面时的蒸发量大。尤其在干旱季节，空气相对湿度较低，蒸发量更大，水滴降低到地面前可以蒸发掉10%，因此，可以在夜间风力小时进行喷灌，减少蒸发损失。同时可能出现土壤底层湿润不足的问题。

第三，微灌。

①滴灌：是利用滴头（滴灌带）将压力水以水滴状或连续细流状湿润土壤进行灌溉的方法。20世纪90年代以来，全世界的滴灌和微喷灌面积已达$160 \times 104hm^3$。以色列生产的滴灌和微喷灌系统，由于质量优良，技术先进，越来越受世人瞩目，特别是在电脑控制自动化运行方面简便易行。

②雾灌：雾灌技术是近几年发展起来的一种节水灌溉技术，集喷灌、滴灌技术之长，因低压运行，且大多是局部灌溉，故比喷灌更为节水、节能；雾化喷头孔径较滴灌滴头孔径大，比滴灌抗堵塞，供水快。江西省南城县每个乡都有自己的雾灌橘园，平均单产量提高50%左右。

③渗灌：是利用一种特制的渗灌毛管埋入地表以下30 ~ 40cm，压力水通过渗水毛管管壁的毛细孔以渗流形式湿润周围土壤的一种灌溉方法。

5.林地的排水

（1）林地排水的意义

土壤中的水分与空气含量是相互消长的。排水的作用是减少土壤中过多的水分，增加土壤中的空气含量，促进土壤空气与大气的交流，提高土壤温度，激发好气性土壤微生物的活动，促进有机质的分解，改善林地的营养状况，使林地的土壤结构、理化性质、营养状况得到综合改善。

有下列情况之一的林地，必须设置排水系统：

第一，林地地势低洼，降雨强度大时径流汇集多，且不能及时宣泄，形成季节性过湿地或水涝地。

第二，林地土壤渗水性不良，表土以下有不透水层，阻止水分下渗，形成过高的假地下水位。

第三，林地临近江河湖海，地下水位高或雨季易淹涝，形成周期性的土壤过湿。

（2）排水时间和方法

多雨季节或一次降雨过大造成林地积水成涝，应挖明沟排水；在河滩地或低洼地，雨季时地下水位高于林木根系分布层，则必须设法排水，可在林地开挖深沟排水；土壤黏重、渗水性差或在根系分布区下有不透水层，由于黏土土壤空隙小，透水性差，易积涝灾，必须搞好排水设施；盐碱地下层土壤含盐高，会随水的上升而达地表层，若经常积水，造成土壤次生盐渍化，必须利用灌水淋溶。我国幅员辽阔，南北雨量差异很大，降雨分布集中时期亦各不相同，因而需要排水的情况各异。一般来说，南方较北方排水时间多而频繁，尤以梅雨季节应行多次排水。北方7、8月多涝，是排水的主要季节。

排水分为明沟排水和暗沟排水。明沟排水是在地面上挖掘明沟，排除径流。暗沟排水是在地下埋置管道或其他填充材料，形成地下排水系统，将地下水降低到要求的深度。

（三）林地施肥

1.施肥的意义

（1）施肥的必要性

第一，用于造林的宜林地大多比较贫瘠，肥力不高，难以长期满足林木生长的需要。

第二，多代连续培育某些针叶树纯林，使得包括微量元素在内的各种营养物质极度缺乏，地力衰退，理化性质变坏。

第三，受自然或人为的因素影响，归还土壤的森林枯落物数量有限或很少，以及某些营养元素流失严重。

第四，森林主伐（特别是皆伐）、清理林场、疏伐或修枝等，造成有机质的大量损失。

（2）林木所需的营养元素

林木生长过程中，需要从土壤中吸收多种化学元素，参与代谢活动或形成结构物质。林木生长需要碳、氢、氧、氮、磷、钾、硫、钙、镁、铁、铜、锰、钴、锌、钼和硼等十几种元素。植物对碳、氢、氧、氮、磷、钾、硫、钙、镁等需求量较多，故这些元素称为大量元素；对铜等，需要量很少，这些元素叫微量元素。铁从植物需要量来看，比镁少得多，比锰、钴、锌、钼、硼大几倍，所以有时称它为大量元素，有时称它为微量元素。在这些元素中，碳、氢、氧是构成一切有机物的主要元素，占植物体总成分的95%以上，其他元素只占植物总体的4%左右。碳、氢、氧从空气和水中获得，其他元素主要从土壤中吸收。植物对氮、磷、钾3种元素需要量较多，而这3种元素在土壤中含量又较少。因此，人们用这3种元素做肥料，并称为肥料三要素。

2.林木营养诊断方法

（1）DRIS法

植物生长发育的状况，不仅取决于某一养分的供应数量，而且还与该养分与其他养分之间的平衡程度有关。诊断施肥综合法，简称DRIS法。该法是在大量叶片分析数据的基础上，按产量（或生长量）高低将这些数据划分为高产和低产组，求出各组内养分浓度间的比值，用高产组所有参数中与低产组有显著差别的参数作为诊断指标，以被测植物叶片中养分浓度的比值与标准指标的偏差程度评价养分的供求状况。

（2）叶片营养诊断

叶片营养诊断是通过分析测定植物叶片中营养元素的含量来评价植物的营养状况，这一方法也称为叶分析法。各树种叶片营养元素缺乏所表现的症状不同，现以杨树为例，整个叶片由绿色变为黄褐色，一般从下部叶开始黄化，逐步向上扩展。严重叶片薄而小，植株生长缓慢，可诊断为缺氧。

（3）土壤分析法

分别在某树种生长正常地点及出现缺素症状的地点，各取5 ~ 25份土样进行营养分析，有时还须在同一地点分别不同季节取样，对比两地土样养分含量差异，即可推断土壤中某营养元素低于某含量水平时，可能出现某树种的营养亏缺症。

（4）缺素的超显微解剖结构诊断法

用电子显微镜扫描植物组织切片，发现缺少某种营养元素的细胞结构会出现某些特殊缺陷，包括质体、线粒体等细胞器或细胞壁内膜、核膜畸形这种症状的出现往往早于肉眼可见的症状，因此可作为早期诊断。但这一方面的研究刚刚起步，有待进一步完善。

3. 常用肥料

（1）有机肥料

有机肥料是以含有机物为主的肥料。例如，堆肥、厩肥、绿肥、泥炭（草炭）、腐殖酸类肥料、人粪尿、家禽粪、海鸟粪、油饼和鱼粉等。有机肥料含多种元素，故称为完全肥料。因为有机质要经过土壤微生物分解，才能被植物吸收利用，肥效慢，故又称迟效肥料。

有机肥料的作用是有机肥含有大量有机质，改良土壤的效果好，肥效长，可保持2 ~ 3年。有机肥料施于黏土中，能改良土壤的通气性；施于砂土中，既可增加砂土的有机质，又能提高保水性能；有机肥给土壤增加有机质，利于土壤微生物生活，使土壤微生物繁殖旺盛；有机肥分解时产生有机酸，能分解无机磷；有机物在土壤中利于土壤形成团粒结构等。有机肥料所起的这些作用是矿物质肥料所没有的。所以它是提高土壤肥力，提高林木生长量不可缺少的肥料。

（2）矿物质肥料

第一，氮肥是含氮素或以氨类为主的化学肥料。氮素肥料易溶于水。其种类有尿素、碳酸氢铵、硫酸铵、氯化铵、硝酸铵等。

第二，磷肥是含磷素或以磷为主的磷质肥料。其种类如过磷酸钙、重过磷酸钙、钙镁磷肥等。

第三，钾肥是含钾素或以钾为主的化学原料。如氯化钾、氮化钾、硫酸钾，还有草木灰。

第四，复混肥料是复合肥和混合肥的总称，是含有三要素（N、P、K）养分中一种以上养分的多养分肥料，它包括：复合肥料是通过化学反应过程以工业规模生产的化学肥料。它每一个颗粒或每一个标本小样的养分成分和比例都完全一样。

混合肥是多种养分的物理混合体，尽管在混合过程中也可产生某些化学反应，有时可以加入除草剂和农药。

复合肥是肥料生产和施用的基本方向，它在各主要国家的化肥生产和施用（消费）中占有越来越大的比重。

如磷酸铵含有氮和磷2种元素；硝酸钾含氮和钾2种元素；氨化过磷酸钙含磷和氮。现又有用氮、磷（可溶性磷酸和水溶性磷酸）和水溶性钾等制成各种类型的复合化肥。其特点是，有效成分虽然是水溶性的，但是具有溶解缓慢的性质，能长期供林木吸收利用。

使用复合化肥的注意事项：①必须与堆肥和绿肥等有机肥料同时使用；②因复合化肥是可溶性肥料，用作基肥和追肥均可；③对于生理酸性和中性反应的复合化肥，因含氨态氮和水溶性磷酸，不能与碱性肥料，如石灰和草木灰等配合使用，要间隔数日再施用石灰等碱性肥料。

第五，微量元素肥料铁、硼、锰、铜、锌和钼等肥料，由于林木需要量很少，一般土壤中的含量能满足林木的需要，所以不作为必需的肥料。但是有些土壤有时也会出现缺少微量元素的症状，故有时需要用微量元素进行施肥。

①硫酸亚铁：又称皂矾。可溶于水而易氧化，对于防治缺素症有一定效果。

②硼、锰、铜、锌和钼：这些微量元素，林木需要量更少，所以一般用它们的水溶性化合物如硼酸、硫酸铜、硫酸锌、钼酸铵等进行根外追肥。

③稀土微量元素肥料。

4.施肥的时间和比例

（1）施肥时间

对于施肥时期应该区分施肥时间和施肥时期，施肥时间如春季施肥和秋季施肥等。有效的施肥季节为林木生长旺盛期，即春季和初夏，此时施肥有利于根系吸收养分，如杉木幼林施肥以春季最好。而根据林木生长发育阶段性的施肥时期如幼林施肥、中龄林施肥和近熟林施肥等，这样区分更适合林木整个轮伐期的营养管理。林木在生长发育的不同阶段中，对养分需求强度的大小是不同的。

（2）氮、磷、钾的比例

适宜的氮、磷、钾比例可以提高施肥效果，其比例要根据不同的生态条件（气候、土壤）和不同的树种而定。树体内营养元素的比例与施肥的比例是2个不同的概念，要区别开来，树木体内营养元素的比例是由林木本身决定的，而施肥的比例则是所施肥料各营养元素的比例决定的。如对松树林分的氮、磷、钾比例试验结果表明，

N ： P ： K=67 ： 7 ： 260。

5.施肥方法

林木施肥方法主要有基肥和追肥，追肥又分为撒施、条施、沟施、灌溉施肥和根外追肥等。施肥方法是否得当，对于指导林业生产上合理施肥有重要意义。据研究，在江西花岗岩发育黄红壤上进行的杉木幼林施肥结果表明，用磷肥做基肥一次性施入，肥效优于造林后一年一次性追肥或分次追肥的效果。对杉木中龄林施肥试验结果表明，以氮、磷、钾肥沟施效果好于撒施。撒施省工省时，可操作性强，虽然可能会导致林下杂草疯长，但是林木从养分再循环中将获得更多的益处。

第一，基肥在造林前将肥料施入土壤中。基肥要求深施，因为耕作层的湿度和温度有利于肥料分解，一般施15 ～ 17cm为宜。

第二，追肥。

①撒施：撒施是把肥料与干土混合后撒在树行间，覆土并灌溉。撒施肥料时严防撒到林木叶子上。

②条施：又称沟施。把矿质肥料施在沟中，既可液体追肥也可干施。液体追肥，先将肥料溶于水，浇于沟中；干施时为了撒肥均匀，可用干细土与肥料混合后再撒于沟中，最后用土将肥料加以覆盖。

③灌溉施肥：肥料随同灌溉水进入田间的过程称为灌溉施肥。即滴灌、地下滴灌的同时，准确而且均匀地将肥料施在林木根系附近，被根系直接吸收利用。灌溉施肥可以节省肥料的用量和控制肥料的入渗深度，同时可以减轻施肥对环境的污染。

④根外追肥：又称叶面追肥，是把速效肥料溶于水中施于林木的叶子上。根外追肥的优点：效果快，能及时供给林木所急需的营养元素。因为耕作层的湿度和温度，根外追肥的次数：一般要喷3 ～ 4次才能取得较好效果。如果喷后两天降雨，雨后应再喷1次。

根外追肥存在的问题：喷到叶面上的肥料溶液容易干，林木不易全部吸收利用，所以根外追肥利用率的高低，很大程度上取决于叶子能否重新被湿润。根外追肥的施肥效果不能完全代替土壤施肥，它只是一种补充施肥方法。

6.稀土在林业中的应用

稀土元素是地壳中的自然生成物，不同的成土母质影响天然土壤中的稀土含量。我国从20世纪70年代开始稀土元素的农用研究，于20世纪80年代开始稀土在林业上应用研究。稀土元素可以提高湿地松、杉木种子园的种子产量和质量，提高核桃、枣、板栗、苹果、梨、山楂、柿、杏等果树的坐果率和产量并改善果实品质，如20年生核桃树喷施稀土坐果率比对照提高103%，单株产量提高32.7%，使用时间分别在初花期和盛花期各一次。用300mg•L^{-1}稀土喷施金丝小枣，花期坐果率比对照提高24% ～ 35%。同时，稀土对经济林木花果期促进叶绿素形成、提高光合作用强度、促进根系对矿质元素的吸收、增加

干物质的积累有明显作用；稀土还能影响果实有机酸、脂肪、糖、维生素C等的含量，能影响植物的生长发育和产量。

7. 栽种绿肥作物及改良土壤树种

在林地上引种绿肥作物和改良土壤树种，能起到增进土壤肥力和改良土壤作用。常用的绿肥作物有紫云英、苕子、草木犀等和改良土壤的树种如紫穗槐、赤杨、木麻黄等，多为有固氮能力的植物。

绿肥作物及改良土壤树种，其作用是增加土壤养分，提高土壤含氮量；它们的根系入土较深，可以吸收土壤底层的养分，分泌的根酸可以溶解并吸收某些难溶性无机养分，组成有机物，分解后供植物利用；改良土壤性质，当它们的残体翻耕入土后，可以增加土壤腐殖质，调节土壤酸碱度，改善土壤的物理性质，防止土壤的冲刷和风蚀。

栽植方式：①先在贫瘠的无林地上栽植绿肥作物或对土壤有改良作用的树种，使土壤得到改良后再造林；②在造林时同时种植绿肥作物，绿肥作物与造林树种混生或间作；③在由主要树种或喜光树种林冠下混植固氮作物或小乔木，以提高土壤肥力。

（四）幼林管护

1. 幼林管理

（1）间苗

播种和丛植造林时，幼苗生长到一定高度，当互助作用小于有害作用时，应及时进行间苗、定株，可一次完成，也可分2次完成。生长快的阔叶树如刺槐，苗木生长快，可在苗高4 ~ 6cm，第一次间苗，苗高10cm左右定株；针叶树生长较慢幼苗喜丛生，可在第二年到第四年间开始间苗。

（2）除蘖

主要指截干造林和平茬之后，苗干上往往生出2 ~ 10株萌糵苗。可在其高达20 ~ 30cm时，大部分除去，只留生长良好的2 ~ 3株，高50cm左右时定株，风大的地方留迎风面的萌蘖苗以防被风吹折。

（3）平茬

萌蘖能力比较强的树种，当2 ~ 4年生苗干不理想时，可用平茬的方法使其重新萌芽；有些利用枝条的灌木树种，为了采条也可采用平茬的方法，刺激其基部萌生长条。

平茬时间一定要在落叶之后，春天树芽萌动之前，只有这一段时间根内养分含量高，萌蘖能力强，新萌条旺盛，其他时间由于营养不足萌蘖条少，生长不良。

（4）摘芽

用生长较快的一年生苗造林后，其侧芽和主稍同时生长，叶多蒸腾快，刚刚成活的幼根，数量少，根系短吸水少，往往造成水分循环失调，影响全树生长。应在侧芽刚萌出，小叶未展开前，将苗干下部2/3的侧芽全部除去，以保证幼树正常生长。截干造林和平茬的第二年，也要将前一年生的幼干下部1/2的侧芽除去，以保证高生长。

2.幼林保护

（1）封山育林

在造林后2 ～ 3年内幼林平均高达1.5m以前应对幼林进行封山护林。新造幼林比较矮小，对外界不良环境的抵抗力弱，幼苗容易受牲畜践踏，林地上土壤板结。同时，不合理的割草砍柴，也容易伤害幼树，降低土壤肥力，影响幼林成活生长。因此，应严禁放牧、砍柴、割草，加强宣传教育，建立各项管护制度，订立护林公约，把封山与育林结合起来。

（2）预防火灾

在人工幼林地，特别是针叶树，更应注意防火工作。林区要健全护林防火组织，订立各种防火制度，严格控制火源。还应尽量多造混交林和阔叶林，开好防火线，营造防火林带，设置瞭望台，加强巡逻，及时发现火警，配置专职护林人员，做好护林防火工作。

（3）防治病、虫、鼠、鸟、兽害

为了防治这类危害，必须认真贯彻“预防为主，综合治理”的方针。从造林设计和施工时起就应采取各项预防措施，如营造混交林预防病虫害的发生与蔓延；直播造林采用农药拌种以防鸟鼠害等。还应以生物防治为主，辅以药剂和人工捕杀等综合措施防治病虫害。

健全林木检疫机构，认真做好林木苗检疫和病虫害测报工作，防止危害性病虫的传播和蔓延。

二、幼林检查和补植

（一）幼林检查

为了保证造林质量，要根据造林设计书的要求，逐项检查验收。程序是施工单位先自查，上级主管单位组织复查和核查。

造林检查。造林单位在施工期间，对各项作业要随时检查验收，发现问题及时纠正，包括整地前的林地清理、整地时间、整地规格、造林苗木的规格、造林季节、植苗穴的规格，以及苗木包装、运输、栽植过程中的苗木保护方法，还有栽植深度、栽植方法、栽植后的土壤保墒措施和当年的幼林抚育方法等。造林工作结束后，要根据具体情况进行全面检查验收，一年后调查造林成活率。合格的由检查验收负责人签发检查验收合格证；不合格的施工单位，要及时补植和重造，合格后再发检查合格证。检查验收合格证，一式三份，验收单位、施工单位、上级林业主管部门各一份，造林后3 ~ 5年，进行保存率调查。

（二）造林地面积核查

造林地面积核查的方法：用仪器实测，或按施工设计图逐块核实。造林地面积按水平面积计算；凡造林面积连续成片在0.067hm^2，按片林统计；乔木林带和灌木林带两行以上（包括两行），林带宽度4m（灌木3m）以上，连续面积0.067hm^{2}以上，可按面积统计。

（三）造林成活率检查

造林技术规程规定采用样地或样行法调查成活率，成片造林在10hm^{2}以下、10 ~ 30hm^2、30hm^{2}以上的样地面积，分别占造林面积的3%、2%、1%；防护林带应抽取总长度20%的林带，每100m检查10m。样地和样行采用随机抽样方法，山地幼林调查应包括不同部位和坡度。植苗造林和播种造林，每穴中有一株或多株苗，均按一株统计。

（四）人工林评定标准

1. 合格

年均降水量400mm以上地区及灌溉造林，成活率在85%以上（含85%）；年均降水量在400mm以下地区，成活率在70%以上（含70%）。

2. 补植

年降水量在400mm以上，灌溉造林，成活率在41% ~ 84%；年降水量在400mm以下，成活率在41% ~ 69%。

3. 重造

成活率在40%以下（含40%）。

速生丰产用材林分别按树种专业标准检查验收。

（五）补植

根据造林检查，成活率在41% ~ 84%时，进行补植造林，成活率不足40%时重造，补植或重造要及时。

植苗造林的补植，应用同龄大苗，飞播造林和封山（沙）育林地，主要根据成苗和成效，进行适时必要的补植、补播。

目前，工程造林还处于初创阶段，在程序上还不够完备，适用的对象主要限于有明确投资来源的造林项目。随着我国造林工作向全集约化方向发展，当历史进入到几乎全部造林工作都是按照工程项目的方式来管理的时代，也许工程造林这个专用术语的作用就会消失，人们将习惯认识到，造林工作本身就是一个工程项目。

第六章　现代林业生态工程建设技术

第一节　水源涵养林业生态工程

江河水为当今大多数国家和地区的生产和生活用水，一旦水位流量降低，则会制约社会的发展和人民的正常生活。江河上游或上中游一般均是山区、丘陵区，是江河的水源地。能否保护和涵养水源，保证江河基流，维持水量平稳，调节水量，是关系到上游生态环境建设和下游防洪减灾的重要问题。为了调节河流水量，解决防洪灌溉问题，最有成效的办法是修建水库。但水库投资大，加上库区淹没、移民以及环境保护等，常常带来很多难以预料的问题，而且无法从根本上解决上游的水源涵养、水土保持及生态环境问题。近几十年来，世界各国对修筑大坝，长距离调水等工程重新审视，更加重视和关心上游林草植被的保护、恢复和重建。

我国大江大河上中游和支流的上游（含大中型水库上游）地区，往往是我国国有和集体森林分布区，森林覆盖率相对较高。为维持森林的水源涵养和保护功能，必须因地制宜，从实际出发，制定长远目标和综合管理体系以及相应的技术政策，加强水源涵养林建设，形成完整的林业生态工程体系的建设。森林具有调节径流，涵养水源的作用，在江河源区建立水源涵养林，以调节河流水量，解决防洪灌溉和城市饮水问题，发挥森林特有的水文生态功能，将天然降水“蓄水于山”“蓄水于林”，科学调节河水洪枯流量，合理利用水资源是一个为世人所公认的行之有效的方法。

一、概念

水源涵养林是以涵养水源，改善水文状况，调节区域水循环，防止河流、湖泊、水库淤塞，保护饮用水水源为主要目的的森林、林木和灌木林。水源涵养林以调节、改善水源流量和水质而经营和营造的森林，是国家规定的五大林种中防护林的二级林种，是以发挥森林涵养水源功能为目的的特殊林种。虽然任何森林都有涵养水源的功能，但是水源涵养林要求具有特定的林分结构，并且处在特定的地理位置，即河流、水库等水源上游。

二、功能

森林的水源涵养作用是指通过森林对土壤的改良作用，以及森林植被层对降雨再分配产生影响，使降雨转化成为地下水、土壤径流、河川基流比例增加的水文效应。森林的涵养水源、水土保持作用通过林冠层、枯枝落叶层和土壤层实现。水源涵养林通过转化、促进、消除或恢复等内部的调节机能和多种生态功能维系着生态系统的平衡，是生物圈中最活跃的生物地理群落之一。水源保护林对降水的再分配作用十分明显，使林内的降水量、降水强度和降水历时发生改变，从而影响了流域的水文过程。

水源涵养林的功能主要体现在：保持水土，调节坡面径流，削减河川汛期径流量；滞洪和蓄洪；减少径流泥沙含量，防止水库、湖泊淤积；枯水期的水源调节，调节地下径流，增加河川枯水期径流量；改善和净化水质。其原因主要体现在：水源涵养林可减少林区近地层风速，降低地面气温，增大空气湿润度，调节地面蒸散发能力；土壤层可增大流域蓄墒能力、增大地下蓄水量、增加地下水补给、提高枯水流量使径流的年内分配过程更趋平缓，增加枯季径流，大、中量级暴雨都可以被部分或全部拦蓄，转化为后期径流缓慢消退，使洪水径流量减小。林区地面比裸地有更大的粗糙度，对地表径流有强烈的阻滞作用，改变坡面径流组成，使洪水过程延缓，洪峰降低，减免洪水灾害。

水源涵养林涵养水源的能力取决于林分面积、林分结构、林地结构特征。降水通过林冠层和各层乔木及灌木草本到枯枝落叶、死地被物层，然后流入土壤。其中树冠截留水约占降水量的5% ~ 10%，这部分水从叶面蒸发到大气，不能为森林储存；枯枝落叶持水约占降水量的8% ~ 10%；由于土壤毛细管孔隙和非毛细管孔隙的作用，使降雨量的70% ~ 80%被储在土壤中，在重力作用下，这些水不停地慢慢下渗，在地下遇到不透水层后便顺岩层慢慢从地下流出，这就是涵养水源的基本机理。

二、营造技术

根据不同区域常见树种组成结构，结合立地条件进行合理配置。采用多种乡土树种混交，利用速生搭配慢生、阳性与阴性树种相匹配、上层与下层树种相配套、深根性树种搭配浅根性树种等方式，注意群落的整体效应及自然更新能力，促进形成复层林结构。

（一）树种选择

1.树种选择原则

树种选择遵照以下原则：①树种生态学特性与造林地立地条件相适应；②树种枝叶茂盛、根系发达；③树种适应性强、稳定性好、抗性强；④充分利用优良乡土树种，适当推广引进取得成功的优良树种。

2.选择树种

针对南方地区的特点，应选择抗逆性强、低耗水、保水保土能力好、低污染和具有一定景观价值的乔木、灌木，重视乡土树种的选优和开发。

（二）林型选择

水源涵养林的林型以营造复层混交林为主。

1. 混交类型

混交类型分为：①在立地条件好的地方优先采用主要树种与主要树种混交；②在立地条件较好的地方优先采用主要树种与伴生树种混交；③在立地条件较差的地方优先采用主要树种与灌木树种混交；④在立地条件较好，通过封山育林或人工林与天然林混交形成的水源涵养林优先采用主要树种、伴生树种和灌木树种综合混交。

2. 混交方法与适用范围

不同混交方法的适用范围为：

第一，行间混交：适用于大多数立地条件的乔灌混交、耐阴树种与阳性树种混交。

第二，带状混交：适用于种间矛盾大、初期生长速度悬殊的乔木树种混交，也适用于乔木与耐阴亚乔木混交。

第三，块状混交：适用于种间竞争性较强的主要树种与主要树种混交，规则式块状混交适用于平坦或坡面规整的造林地，不规则式块状混交适用于地形破碎、不同立地条件镶嵌分布的地段。

第四，植生组混交：适用于立地条件差及次生林改造地段。

（三）造林密度

根据立地条件、树种生物学特性及营林水平，确定造林密度，以稀植为主。乔木新造林密度应为800 ～ 5000株/hm^2，灌木新造林密度应为1650 ～ 5000株/hm^2。

（四）整地方式

应采用穴状整地、鱼鳞坑整地、水平阶整地、水平沟整地、窄带梯田整地等整地方法。

（五）结构配置

水源涵养林的造林配置以小班为单位配置造林模式。地形破碎的山地提倡采用局部造林法，形成人工林与天然林块状镶嵌的混交林分。

1. 种植行配置

种植行走向按不同地段分别确定；

第一，在较平坦地段造林时，种植行宜南北走向；

第二，在坡地造林时，种植行宜选择沿等高线走向；

第三，在沟谷造林时，种植行应呈雁翅形。

(2) 种植点配置方式的适用条件

不同配置方式的适用条件为：

①长方形配置

相邻株连线成长方形，通常行距大于株距。适宜于平缓坡地水源涵养林的营造。

②三角形配置

相邻两行的各株相对位置错开排列成三角形，种植点位于三角形的顶点。适宜于坡地水源涵养林的营造。

③群状配置

植株在造林地上呈不均匀的群丛状分布，群内植株密集(3 ~ 20株)，群间距离较大。适宜于坡度较大、立地条件较差的地方水源涵养林的营造，也适宜次生林改造。

④自然配置

在造林地上随机地配置种植点。适宜于地形破碎的水源涵养林的营造。

（六）抚育管理

1. 抚育条件

水源涵养林营造后应封山育林。饮用水源保护林一般不允许抚育。其他水源涵养林除饮用水源保护林和下列地段的水源涵养林外，应划建封禁管护区：

第一，坡度大于35°、岩石裸露的陡峭山坡的水源涵养林。

第二，分水岭山脊的水源涵养林。

第三，大江大河上游及一级支流集水区域的水源涵养林。

第四，河流、湖泊和水库第一重山脊线内的水源涵养林。

一般水源区水源涵养林和库区水源涵养林可以进行轻度抚育，岸线水源涵养林可以根据立地条件进行必要的抚育活动。

2. 抚育方法

当郁闭度大于0.8时，可进行适当疏伐，伐后郁闭度保留在0.6 ~ 0.7。遭受严重自然灾害的水源涵养林应进行卫生伐，伐除受害林木。

（1）水源涵养低效林改造对象

水源涵养林因人为干扰或经营管理不当而形成的人工低效林，符合下列条件之一时可以进行改造：

第一，林木分布不均，林隙多，郁闭度低于0.2。

第二，年近中龄而仍未郁闭，林下植被盖度小于30%。

第三，病虫鼠害或其他自然灾害危害严重的林地。

（2）改造方式

①补植

主要适用于林相残破的低效林，根据林分内林隙的大小与分布特点，可以采用下列2种补植方式：A.均匀补植，用于林隙面积较大，且分布相对均匀的低效林；B.局部补植，用于林隙面积较小、形状各异，分布极不均匀的林分。

②综合改造

主要用于林相老化和自然灾害引起的低效林。带状或块状伐除非适地适树树种或受害木，引进与气候条件、土壤条件相适应的树种进行造林。乔木林一次改造强度控制在蓄积量的20%以内，灌木林一次改造强度控制在面积的20%以内。

第二节　山丘区林业生态工程

一、山丘区林业生态工程体系

（一）水土保持林体系的配置模式

水土保持林的配置是指在不同的地形地貌部位上，根据水土流失的形式、强度与产生方式，在适地适树基础上安排不同结构的林分，使其在流域空间内形成合理的布局，达到水土保持与经济目的。水土保持林体系配置的组成和内涵，其主要基础是做好各个林种在流域内的水平配置和立体配置。

所谓“水平配置”是指水土保持林体系内各个林种在流域范围内的平面布局和合理规划。对具体的中、小流域应以其山系、水系、主要道路网的分布，以及土地利用规划为基础，根据当地发展林业产业和人民生活的需要，根据当地水土流失的特点，水源涵养、水土保持等防灾和改善各种生产用地水土条件的需要，进行各个水土保持林种合理布局和配置。在规划中要贯彻“因害设防，因地制宜”“生物措施和工程措施相结合”的原则，在林种配置的形式上，在与农田、牧场及其他水土保持设计的结合上，兼顾流域水系上、中、下游，流域山系的坡、沟、川，左、右岸之间的相互关系。同时，应考虑林种占地面积在流域范围内的均匀分布和达到一定林地覆盖率的问题。我国大部分山区、丘陵区土地利用中林业用地面积大致要占到流域总面积的30% ~ 70%，因此，中小流域水土保持林体系的林地覆盖率可在30% ~ 50%。

所谓林种的“立体配置”是指某一林种组成的树种或植物种的选择和林分立体结构的配合形成。根据林种的经营目的，要确定林种内树种、其他植物种及其混交搭配，形成林分合理结构，以加强林分生物学稳定性和形成开发利用其短、中、长期经济效益的条件。根据防止水土流失和改善生产条件，以及经济开发需要和土地质量、植物特性等，林种内植物种立体结构可考虑引入乔木、灌木、草类、药用植物及其他经济植物等，其中，要注意当地适生的植物种的多样性及其经济开发的价值。“立体配置”除了上述林种内的植物选择、立体配置之外，还应注意在水土保持与农牧用地、河川、道路、四旁、庭园、水利设施等结合中的植物种的立体配置。

总之，要考虑通过体系内各个林种的合理的水平配置和布局，达到与土地利用等的合理结合，分布均匀，有一定的林木覆盖率，各林种间生态效益互补，形成完整的防护林体系，充分发挥其改善生态环境和水土保持的功能；同时，通过体系内各个林种的立体配置，形成良好的林分结构，具有生物学上的稳定性，加强水土保持林体系生态效益和充分发挥其生物群体的生产力，以创造持续、稳定、高效的林业生态经济功能。

（二）林种配置及树种选择的原则

1.安排林种的原则

①以小流域为基本单元。

②全面规划，长短结合。

③考虑林种的特性，地形条件，水土流失特点。

④形成完整的水土保护体系与可持续的产业体系。

2.林种划分的依据

主要依据：地貌部位（或地形或土地类型）、生产目的、防护性能。

3.树种选择依据

第一，适应性强，能适应不同类型水土保持林的特殊环境。

第二，生长迅速，枝叶发达，树冠浓密，能形成良好的枯枝落叶层，以截拦雨滴避免其直接冲打地面，保护地表，减少冲刷。

第三，根系发达，特别是须根发达，能笼络土壤。在表土疏松、侵蚀作用强烈的地方，选择根蘖性强的树种（如刺槐、卫茅、旱冬瓜等）或蔓生树种（如葛藤）。

第四，树冠浓密，落叶丰富且易分解，具有土壤改良性能（如刺槐、沙棘、紫穗槐、胡枝子、胡颓子等），能提高土壤的保水保肥能力。

山丘区水土保持林体系的营造主要从树种选择、造林密度、结构配置和抚育管理方面进行介绍，包括分水岭防护林、坡面水土保持林、梯田地埂防护林、沟道水土保持林、库岸（滩）水土保持林和经济林。

二、分水岭防护林

（一）功能

分水岭是指分隔相邻2个流域的山岭或高地。在自然界中，分水岭较多的是山岭、高原。分水岭的脊线叫分水线，是相邻流域的界线，一般为分水岭最高点的连线。土石质山的梁岗分水岭，石多、土薄、水土流失严重，是产生径流的起点，应当营造分水岭防护林，用以涵养水源、固结和改良土壤。

（二）营造技术

1. 树种选择

营造分水岭水土保持林，必须综合考虑地形因素的坡度、坡向、气候因素和植被因素，甚至社会经济因素，对山、水、田、林、路进行综合治理，贯彻工程措施与生物措施相结合，以生物措施为主的原则。要选择适合当地气候、土壤条件的生长迅速、寿命长、根系发达的树种。

2. 配置与设计

第一，高山、远山的分水岭地带，可封山育林育草，也可在完成工程措施后全部造林或带状造林。

第二，丘陵、漫岗分水岭的立地条件较好，应以乔木为主，适当混交灌木。

第三，林带设置。沿岭脊设置林带，带宽10 ~ 20m，选择生长迅速而抗风、耐旱的树种。栽植采用三角形配置，乔木株行距为1m × 1.5m，灌木为0.5m × 1m。

第四，整地方式。在水土流失地区，根据坡度大小和坡面破碎程度等，因地制宜地采用水平沟、反坡阶等整地措施，以有效地拦截地表径流，改变地形，防止土壤冲刷，并为苗木成活和幼林生长创造良好条件。

3. 抚育管理

采用抚育保护方式，为迅速增加植被、保护幼林，应强调封山育林，严禁人畜破坏。林分过密影响生长时，可适当间伐，但以不破坏水土保持林的防护效益为原则，灌木平茬亦应轮流隔行或隔株进行。

三、坡面水土保持林

（一）功能

坡面既是山区丘陵区的农林牧业生产利用土地，又是径流和泥沙的策源地。坡面土地利用、水土流失及其治理状况，不仅影响坡面本身生产利用方向，而且也直接影响到土地生产力。山丘坡面大、坡度陡的沟状水土流失区，常受洪水或干旱的危害，应实行生物措施与工程措施相结合，营造护坡林。

在大多数山区和丘陵区，就土地利用分布特点而言，坡面除一部分暂难利用的裸岩、裸地（主要是北方的红黏土、南方崩岗）、陡崖峭壁外，多是林牧业用地，包括荒地、荒草地、稀疏灌草地、灌木林地、疏林地、弃耕地和退耕地等，统称为荒地或宜林宜牧地，以及原有的天然林、天然次生林和人工林。后者属于森林经营的范畴，前者才是水土流失地区主要的水土保持林用地，主要任务是控制坡面径流泥沙、保持水土、改善农业生产环境，在坡面荒地上建设水土保持林业生态工程。由于山区丘陵区坡面荒地常与坡耕地或梯田相间分布，因此，就局部地形而言，各种林业生态工程在流域内呈不整齐的片状、块状或短带状的分散分布。但就整体而言，它在地貌部位上的分布还是有一定的规律的，它的各个地段连接起来，基本上还是呈不整齐而有规律的带状分布，这也是由地貌分异的有规律性决定的。

坡面水土保持林按照防护功能和生产性可分为：防护林、用材林、薪炭林和经济林。

1.防护林

在山区和丘陵区，不论从水土保持林占地面积和空间，从发挥其控制水土流失，调节河川径流，还是为开发山区，发展多种经营，形成林业产业进而提供经济发展的物质基础等方面，水土保持林均占有极其重要的地位。应根据区域自然环境条件，以防风固沙、水土保持、水源涵养等林种为主体，因害设防、因地制宜地促进片、带、网相结合，形成综合森林防护体系。

由于山地道路、水利工程或山区矿山开发而再现的大面积坡面裸露的地方，往往是水土流失严重，容易引发山地滑坡、泥石流等灾害的策源地。配合必要的工程护坡措施和人工营造水土保持护坡林可收到良好的护坡效果。

2.用材林

用材林是以生产各种木材为主的森林。由于生长在不同地区的用材林，不仅可以使人们获取所需各种规格的木材，而且在其生长期间同时又具有多种生态防护功能，它们也是当地森林的重要组成部分，对提高区域森林覆盖率、改善生态环境有着不可替代的作用。

由于过度放牧、樵采等而使原有植被遭到严重破坏，覆盖度很低，而引起严重水土流失的山地坡面，需人工营造水土保持林防止坡面进一步侵蚀。在增加坡面稳定性的同时，争取获得一些小径用材。

在小流域的高山远山的水源地区，山地坡面由于不合理的利用，植被状况恶化而引起坡面水土流失和水文状况恶化。这样的山地坡面，应依托残存的次生林或草灌植物等，通过封山育林，逐步恢复植被，形成目的树种占优势的林分结构，以发挥较好的调节坡面径流、防止土壤侵蚀、涵养水源和生产木材的作用。

3.薪炭林

发展护坡薪炭林的目的主要在于解决农村生活用能源的同时，控制坡面的水土流失。在基本采取“多能互补”和开发多种渠道解决农村能源短缺的原则下，对于农村经济条件薄弱、范围广阔、分散的广大地区而言，发展薪炭林是最有效而实际的途径。不同类型区，发展、营造薪炭林，首先应该正确选择树种，应特别注重那些速生、丰产、热值高、萌芽力强和多用途的乔、灌木树种，其中当地传统的优良薪材树种更应优先考虑。

发展薪炭林解决农村生活用能源比起其他常规能源有其独特的特点，如薪炭林营造投资少、见效快、生产周期短；薪炭林作为燃料不污染环境；良好的薪炭林，其水土保持及其他综合经济效益，也是一个不容忽视的重要方面。

（二）营造技术

1.树种选择

（1）防护林树种选择

坡面防护林应由所有以木本植物为主的植物群体所组成。南方地区常见的主要乔木树种有柏木、马尾松、湿地松、云南松、华山松、桤木、光皮桦、木荷、麻栎、栓皮栎、槲栎、墨西哥柏、枣、刺槐、油桐、乌桕、桉、大叶相思、马占相思、绢毛相思、铁刀木、黄槐、灰木莲等；主要灌木树种包括紫穗槐、胡枝子、马桑、紫薇、六月雪、黄荆条、黄檀、刺蔷薇、芦竹等；草本主要包括狗牙根、三节芒、野艾蒿、火棘、葛藤、常春藤等。

（2）用材林树种选择

要培育速生丰产用材林，必须选择良好的立地条件、水土流失轻微的造林地，如退耕地、弃耕地和坡度缓、土层厚、草被覆盖好的坡面。有好的速生树种，而没有好的立地条件，也是不能达到速生丰产效果的。树种必须符合速生、丰产、优质、抗性强4个方面。

2.配置与设计

（1）防护林配置技术

配置防护林，首先考虑的是坡度，然后考虑地貌部位。一般配置在坡脚以上至陡坡全长2/3为止，因为陡坡上部多为陡立的沟崖（50°以上）。如果这类沟坡已经基本稳定，应避免因造林而引起其他的人工破坏。在沟坡造林的上缘可选择一些萌蘖性强的树种，使其茂密生长，再略加人工促进，让其自然蔓延滋生，从而达到进一步稳固沟坡陡崖的效果。在沟坡陡崖条件较好的地方也可考虑撒播一些乔灌木树种的种子，让其自然生长。

种植行的方向要与径流线相垂直，水土保持效果最好，行状配置有长方形、正方形和三角形3种。造林前先修筑等高反坡沟、水平沟，借以保土蓄水，改善坡面土壤水分状况。然后，造林紧紧跟上，做到以工程促生物，以生物保工程。土层薄、坡度陡、立地条件差的坡面，应先栽灌木，待其成林后再栽乔木。

（2）用材林配置技术

①人工营造法

以培育小径材为主要目的的护坡用材林，应通过树种选择、混交配置或其他经营技术措施来达到经营目的。一是要保障和增加目的树种的生长速度和生长量；二是要力求长短结合，及早获得其他经济收益（薪炭、家具、纺织材料，或其他林粮间作收益）。

这类造林地，一般造林地条件较差（如水土流失、干旱、风大、霜冻等），应通过坡面林地上水土保持造林整地工程，如水平阶、反坡梯田或鱼鳞坑等整地形式，关键在于适当确定整地季节、时间和整地深度，以满足细致整地、人工改善幼树成活生长条件。树种选择搭配，一般应采用乔灌混交型的复层林，使幼林在成活、发育过程中发挥生物群体相互有利影响，为提高主要树种生长及其稳定性创造有利条件；同时，采用混交可调节缩小主栽乔木树种的密度，有利于林分尽快郁闭，形成较好的林地枯枝落叶层，发挥其涵养水源、调节坡面径流、固持坡面土体的作用。

②封山育林法

在这类山地依托残存的次生林，或草、灌等植物，采用封山育林以达到恢复并形成稳定林分的目的。

在此类坡面上尽管已形成了水土流失和环境恶化的趋势，但是，由于尚保留着质量较好的立地和乔、灌、草植物等优越条件，只要采用的封山育林措施合理，再加上森林自然恢复过程中给予必要的人工干预，可较快地达到恢复和形成森林的效果。这在我国南北各地封山育林实践中均得到了证明。

（3）薪炭林配置技术

①立地类型

坡面水土保持林体系的薪炭林也称为护坡薪炭林。在规划中，可选择距村庄（居民点）较近、交通便利而又不适于高经济利用（如农业、经济林、用材林、草场）的较缓坡面或沟坡，或水土流失严重的坡地作为人工营造护坡薪炭林的土地。

②技术要点

薪炭林的整地、种植等造林技术与一般的造林大致相同，只是由于立地条件差，整地、种植要求更细。在造林密度上，由于薪炭林要求轮伐期短、产量高、见效快，适当密植是一个重要措施。

3.抚育管理

对于坡面水土保持林的抚育管理技术，根据不同造林方法而营建的林型采用相应的方法进行林地的抚育和管理。但在水土流失地区，需要根据坡度大小和坡面破碎程度等，采取细致整地的方式，同时实施抚育保护措施。

四、梯田地埂防护林

（一）功能

梯田地埂防护林根据其功能类型分为防护林和经济林，主要是针对土埂和石埂梯田，为防治田坎或田埂侵蚀而设置的水土保持林体系。

在梯田地埂上造林，既能延长工程寿命，还具有保水固埂、提高产量的作用，提高拦泥蓄水能力，还能改善小气候，提高粮食产量和副业收入。在梯田地埂上造林，不但不占用农业耕地，而且能增加林地面积，实现梯田地埂林网化；既提升了生态景观，又增加了森林资源总量，是增加控制水土流失，实现村庄、梯田林网化的有效途径。

（二）营造技术

1. 树种选择

梯田地埂坡度陡，干土层厚，水肥条件差，选择梯田造林树种时，因各地情况有别，树种则不一，所以要掌握“适地适树，因地制宜”的原则。选择树种的一般标准为：适应性强、耐旱耐瘠薄、萌生能力强、速生能力好、耐平茬、根系发达、生物量大、热值高。一般可选择紫穗槐、胡枝子等灌木树种和桑、枣、茶、花椒等经济林树种。

2. 配置与设计

梯田地埂的侧坡一般较陡，造林以插条、压条为主，不易插条和压条的树种可采用植苗或直播造林。

（1）水平梯田地坎造林

①选择造林点的位置

选择梯田地坎造林点时，既要考虑到将串根和遮阴的影响调节到最小限度，又要考虑耕作和采条的方便，这就应根据具体情况而定。一般在地坎外坡的1/2或1/3处造林，这样可使树冠投影绝大部分控制在地坎上，根系几乎全部分布在田坎的土层中，也有利于采条和耕作。

当地坎较矮，坎高1m左右且较陡时，应在上部或中部造林，也就是离地坎顶1/3或1/2处，可采用单行密植，株距为0.5m。采取这种形式造林，灌木生长较快，能迅速起到防风阻拦地表径流的作用。

当地坎较高，大于2m以上且较陡时，应在中部或下部造林，可栽植2 ~ 3行灌木，株行距离应为0.5m × 0.8m，成“品”字形排列。

地坎不太高，坡度较缓时可在中上部或中部造林，栽植2 ~ 3行灌木，株行距离为0.5m × 0.6m，成“品”字形排列。

总之，在地坎营造灌木林，株距不宜超过0.5m，行距一般视坎埂高度而定，高者宜宽，矮者宜窄，一般为0.5m，最大也不应超过0.8m。

②地坎插条、压条造林

地坎插条造林，可在春、秋两季进行，以秋季较好。秋季温度低、风较小、雨水多、墒情好，枝条处于休眠状态，埋入土中，有利于发芽生根。要选取1 ~ 3年生0.5 ~ 2cm

粗的健壮枝条，截成30 ~ 40cm的插穗，造林株行距一般为0.5m×1m，栽植时顺地坎斜坡垂线和重力垂线夹角的分角线方向插入，梢头少露，踩实即可。若土壤干燥，插穗要适当加长，一般为50 ~ 60cm。这种造林方法，最好在修筑地埂坎的过程中，将插穗压在地埂中，既省力，成活率也高。

③地坎植苗造林

植苗造林的树种有紫穗槐、胡枝子、桑树等，造林方法有以下几种：

A.压苗造林

修地埂时，在地埂外侧基部水平状按株距50cm摆一行树苗，埋苗深度应为苗木根际以上4cm，以免风干，随培土随夯实，然后再按50 ~ 70cm的行距摆第二行苗，使两行苗木成"品"字形排列，继续培土夯实，使土坎外坡造成60°的斜坡。一般地坎埂可压1 ~ 2行，最上一行苗距地坎顶部30cm为宜。

B.插孔造林

用削尖的3 ~ 4cm粗的木棍，按与上面方法相同的株行距，在地坎外侧斜坡上插孔，插孔深度比树苗根际稍深4 ~ 5cm，放入树苗，然后在树苗孔上方5 ~ 8cm处再插入木棍，木棍外端稍向下压，使苗孔密实，最后用湿土将孔填好踩实。此法比常规造林快5倍以上。

C.刨坑、扒缝造林

在埂坎外坡，采用与上法相同的株行距离，用铁锹挖成长、宽、深各30 ~ 35cm的小坑，或直接用铁锹插入土中深30 ~ 35cm，上下摇动成一缝隙，将苗木放入坑内或缝里，使树苗紧贴坑壁，然后填上湿土踩实。

除以上营造灌木外，有些地区，在保证农业生产的前提下，可栽植一些干鲜果等经济价值较高的树种。例如南方不少地区利用梯田地埂和梯田栽植茶树，保持水土效果也很好。栽植经济林时，可在地埂坎中下部采取小坎式栽植，株行距采用4 ~ 5m为宜。

（2）坡式梯田地坎造林

由于坡式梯田地坎高差较小，可在地坎上营造1 ~ 2行灌木林带，株行距可采用0.7m×0.7m或0.6m×1m，成"品"字形排列。这种造林方式，每年应进行起高垫低、里切外垫的方法加高地坎，通过人工培土和灌木本身的拦截泥沙作用，使坡式梯田逐年变成水平梯田。

（3）坡地生物地坎造林

在人少地多的地区，可在坡地沿等高水平方向营造2 ~ 4行灌木型地坎林。采取这种营林方法，通过灌木茂密枝条的拦泥作用，以及平茬后的人工培土，逐年形成梯田。待灌木长起后，最好在梯田地坎内侧50cm处，挖30 ~ 40cm深、宽的地坎沟，防止灌木串根，影响农作物生长发育。

3. 抚育管理

新造地埂幼林地要封闭式保护管理，及时检查成活率，对缺株断行的应在下一季造林时及时补植，补植树种须与原规划树种种类、规格相同；成活率在40%以下的造林地要重新整地造林。及时防治病虫鼠害，统一组织农户清理地埂杂草，防止对幼树造成破坏。对栽植的经济林树种要注意树形修剪，灌木树种根据生长情况每3 ~ 5年进行平茬利用，促进林木更新复壮。

五、沟道水土保持林

（一）功能

沟道水土保持林的建设目的在于充分发挥沟道地区水土资源的生态效益、经济效益和社会效益，改善当地农业生态环境，为发展山丘区、风沙区的生产和建设，整治国土，治理江河，减少水、旱、风沙灾害等服务。沟道水土保持林在改善生态环境的作用中处于重要的地位。水土保持林具有很强的保水能力，它能促进天上水、地表水和地下水的正常循环，是天然的“绿色水库”；水土保持林草达到一定数量后能降低风速，提高地面温度、湿度，减轻霜冻、干旱等，能改善该地小气候；水土保持林的枯枝落叶层能增加土壤中的含氮量、有机质，改善土壤的物理性质。因此，水土保持林的营造对沟道治理显得越来越重要。

土质沟道系统是具有深厚“土层”的沿河阶地、山麓坡积或冲洪积扇等地貌上所冲刷形成的现代侵蚀沟系。土质沟道系统的水土保持林，其目的为结合土质沟道、沟底、沟坡防蚀的需要。

石质沟道多处在海拔高、纬度相对较低的地区。降水量较大，自然植被覆盖度高，石质沟道具有坡度大，径流易集中；漏斗形集水区；沟道的底部为基岩，基岩呈风化状态、沟道有疏松堆积物时，易暴发泥石流；土层薄，水土流失的潜在危害性大；灾害性水土流失是洪水、泥石流的特点。石多土少，植被一旦遭到破坏，水土流失加剧，土壤冲刷严重，土地生产力减退迅速，甚至不可逆转地形成裸岩，完全失去了生产基础。石质沟道水土保持林在石质山地和土石沟道通过沟道防护林的配置，以控制水土流失，充分发挥生产潜力，防治滑坡泥石流，稳定治沟工程和保持沟道土地的持续利用。

（二）营造技术

1. 树种选择

（1）土质沟道水土保持林树种选择

土质沟道的沟底的防护林应选择耐湿、抗冲、根蘖性强的速生树种，以湿地松、桤木为常见，还可选择柏木、马尾松、云南松、华山松、光皮桦、木荷、麻栎、栓皮栎、槲栎、墨西哥柏、枣、刺槐、油桐、乌桕、桉、大叶相思、马占相思、绢毛相思、铁刀木、黄槐、灰木莲等。

沟坡防蚀林应选择抗蚀性强，固土作用大的深根性树种，乔木树种主要有湿地松、桤木、柏木、马尾松、云南松、华山松、光皮桦、木荷、麻栎等；灌木可以选择紫穗槐、马桑、刺蔷薇等；条件好的地方，可以考虑种植经济树种，如桑、枣、板栗、茶、核桃等。

（2）石质沟道水土保持林树种选择

第一，南方山地一般沟道防护林树种：杉木、马尾松、栎类、樟、楠、檫等。

第二，喀斯特山地沟道防护林树种：柏木、刺槐、苦楝、柏榆等。

第三，稳定沟道树种：沟道发展到后期，沟道中（特别是在森林草原地带）应选择水肥条件较好、沟道宽阔的地段，营造速生丰产用材林。速生丰产林主要配置在开阔沟滩（兼具护滩林的作用），或经沟道治理、淤滩造地形成土层较薄、不宜作为农田或产量较低的地段，必要情况下可选择耕地作为造林地。南方地区沟道内的速生丰产用材林树种可选择杉木、桉树（如柳桉、柠檬桉、巨叶桉等）、湿地松、马尾松等。

第四，河川地、山前阶台地、沟台地经济林栽培。宽敞河川地或背风向阳的沟台地，各种条件良好，适宜建设经济林栽培园。主选树种有桃、葡萄等；在水源条件不具备情况下，可建立干果经济林，如核桃、柿、板栗、枣等。

2.配置与设计

（1）土质沟道水土保持林配置与设计

土质沟道根据不同发育特点，采用相应的配置。

稳定的沟道，沟道农业利用较好。沟道采用了打坝淤地等措施稳定沟道纵坡、抬高侵蚀基点的地区。选择水肥条件较好、沟道宽阔的地段，发展速生丰产用材林。还可以利用坡缓、土厚、向阳的沟坡，建设果园。造林地的位置可选在坡脚以上沟坡全长的2/3处。

沟道的中、下游侵蚀发展基本停止，沟系上游侵蚀发展较活跃，沟道内进行了部分利用。在有条件的沟道打坝淤地、修筑沟壑川台地、建设基本农田；沟头防护工程与林业措施的结合，如配置编篱柳谷坊、土柳谷坊，修筑谷坊群等；在已停止下切的沟壑，如不宜于农业利用时，最好进行高插柳的栅状造林。

沟道的整体侵蚀发展都很活跃，整个沟道均不能进行合理的利用。对这类沟系的治理可从两方面进行：一是距居民点较远又无力治理，采用封禁的办法；二是距居民点较近处，在沟底设置谷坊群，固定沟顶、沟床的工程措施并结合生物措施。

①进水凹地、沟头防护林配置方式

可根据集水面积大小进行配置：集水面积小、来水量小时在沟头修筑涝池，全面造林；

集水面积极小时，把沟头集水区修成小块梯田，在梯田上造林；集水区比较大、来水量比较多时，要在沟头修筑一道至数道封沟埂，在埂的周围全面造林；在集水面积大、来水量多时，修数道封沟埂，在垂直水流方向营造密集的灌木林带。

可采用编篱柳谷坊和土柳谷坊对进水凹地、沟头进行防护，具体配置见以下内容。

编篱柳谷坊是在沟顶基部一定距离（1 ~ 2倍沟顶高度）内配置的一种森林工程。它在预定修建谷坊的沟底按0.5m株距，1 ~ 2m行距，沿水流方向垂直平行打入2行1.5 ~ 2m长的柳桩，然后用活的细柳枝分别对2行柳桩进行缩篱到顶，在两篱之间用湿土夯实到顶。编篱坝向沟顶一侧也同样堆湿土夯实形成的迎水的缓坡。

②沟底谷坊工程

在比降大、水流急、冲刷下切严重的沟底，必须结合谷坊工程造林形成的森林工程体系，主要形式有柳谷坊（可在局部缓流外设置）、土柳谷坊、编篱柳谷坊和柳疆石谷坊。沟底谷坊工程的作用是可以抬高侵蚀基准，防治沟道下切；须遵循顶底相照的原则。

同时，谷坊工程在位置的选择上应遵循先支后干、肚大脖细、地基坚实且离开弯道的原则，在数量上也须根据沟道长度和谷坊高度决定。

③沟底防护林配置方式

为了拦蓄沟底径流，防止沟道下切，缓流挂淤，在水流缓、来水面不大的沟底，可全面造林或栅状造林；在水流急、来水面大的沟底中间留出水路，两旁全面或雁翅状造林。

沟底栅状或雁翅状造林，此方法适用于比降小，水流较缓（或无长流水），冲刷下切不严重的支毛沟，或坡度较缓的中下游沟道，一般每隔50 ~ 80m横向栽植3 ~ 5行树木，采用紧密结构。

一般在支毛沟上游冲刷下切强烈，河床变动较大，沟底坡度＞5%时，结合土柳谷坊进行全面造林，造林时注意留出水路。株行距一般为1m × 1m，多采用插柳造林，也可用其他树种。

④沟坡防蚀林配置方式

沟坡防护林主要是稳定沟坡，防止扩展，充分利用土地，发展林业生产。

造林时，先在沟坡中下部较缓处开始，然后再在沟坡上部造林。一般来说，坡脚处是沟坡崩塌堆积物的所在地，土壤疏松，水分条件比较好，可栽植经济林。一般在坡脚1/3 ~ 1/2处造片林。为提高造林成活率，坡度过陡或正在扩展，比较干旱的沟坡，要在秋季，先削成35°坡，并进行鱼鳞坑或穴状整地，也可梯台整地，翌年春季实施造林。

（2）石质沟道水土保持林配置与设计

具体的配置要点包括以下六点：①高中山建水源涵养林，中低山和丘陵山地建水土保持林；②集水区全面造林，如乔灌混交林、异龄复层林；③侵蚀严重的荒坡封山育林；④

主伐时分区更新轮伐；⑤配合林草措施，建立沟道谷坊群（集中使用）、骨干控制工程；⑥在地形开阔、土层较厚的坡脚进行农林牧综合利用。

在山地坡面得到治理的条件下，在主沟沟道可适当进行农业经济林利用；在一级支沟或二级支沟的沟底有规划地设计沟道工程；在沟道下游或接近沟道出口处，在沟道水路两侧多修筑成石坎梯田或坝地，并在坎边适当稀植一些经济林树种和用材林树种。

为防治山地泥石流，坡面营造水土保持林时，在树种选择和林分配置上应使之形成由深根性和浅根性树种混交异龄的复层林。成林的郁闭度应达到0.6以上，并注意采取适合当地条件的山地造林坡面整地工程（如反坡阶、水平沟、反坡梯田等）。

稳定的沟道中应选择水肥条件较好、沟道宽阔的地段，营造速生丰产用材林。要求稀植，密度应小于1650株/hm²（短轮伐期用材林除外），采用大苗、大坑造林。沟道有水源保证的可引水灌溉，生长期要加强抚育管理。

宽敞河川地或背风向阳的沟台地，各种条件良好，适宜建设经济林栽培园。

沟川台（阶）地具备建设农林符合生态工程的各项条件，如果园间种绿肥、豆科作物，丰产林地间种牧草，农作物地间种林果，经济林地间种蔬菜、药材等。

3.抚育管理

对于沟道水土保持林的抚育管理技术，可采用第五章内容，根据不同造林方法而营建的林型采用相应的方法进行林地的抚育和管理。此外，由于沟道内土淤积快，土层深厚，土体相对黏重，土壤水充足，其他草本植物生长迅速。抚育管理的关键是松土和除草，包括除草松土、正苗、除藤蔓植物，以及对分枝性强的树种进行幼林保护等。除此之外的抚育措施，还要根据具体树种、造林密度和经营强度等具体情况而定。

六、水库、河岸（滩）水土保持林

（一）功能

水库、河岸（滩）水土保持林包括水库防护林和护岸护滩林。水库防护林主要在水库潜岸周围建造，是为了固定库岸、防止波浪冲淘破坏、拦截并减少进入库区的泥沙，使防护林起到过滤作用，减少水面蒸发，延长水库的使用寿命。另一方面，水库周围营造的多树种多层次的防护林，人们可利用其作为夏季游憩场所，同时还有美化景观的作用。

护岸护滩林是生长在有水流动的河滩漫地与无水流动的广阔沿岸地带的植物群体，是组成沿岸群落的林分。护岸（堤、滩）林是沿江河岸边或河堤配置的绿化措施，用以调节地水流流向，抵御波浪、水流侵袭与淘刷的水土保持技术。其一般包括护岸林、护堤林和护滩林。

水库、河岸（滩）水土保持林的适用范围主要是水库周边、无堤防的河流、有堤防的河流、河漫滩发育较大的河流。

1.水库防护林

水库运行中存在的最大问题是泥沙淤积、库岸坍塌、水面蒸发及坝下游低湿地。特别是泥沙淤积是影响水库使用价值和其寿命的主要因素。水库泥沙主要来源有：一是因流域汇流区的水土流失由沟谷系统流入库区的泥沙；二是因水库蓄水对库岸冲淘引起的库岸坍塌。为了防止池塘水库的泥沙淤积等问题，必须在其流域范围内，积极采取综合性的水土保持措施，因地制宜、因害设防地配置由坡到沟、由沟系到库区的林业生态工程。

2.河岸（滩）水土保持林

天然河川形成原因很复杂，按其地理环境和演变的过程，可分为河源、上游、中游、下游和河口；按河谷结构可分为河床、河漫滩、谷坡、阶地。在一般情况下，河川的侵蚀从河源到河口是逐渐减轻的。由于河谷的土壤地质条件不同，河川侵蚀的程度不同。河川的侵蚀和其流域范围内的土壤侵蚀一样，是在古代侵蚀的基础上发展起来的，因此，河川侵蚀的过程和该流域地区上游土壤侵蚀过程是联系在一起的，可以说，河川侵蚀是土壤侵蚀的一部分，是其流域地区土壤侵蚀的继续。由于曲流作用的影响，冲淘与淤积成为河川侵蚀的主要形式。河川侵蚀使阶地上的农田、工农业设施、厂矿企业等不断受到冲淘的危害。上游的水土流失则导致河床抬高，洪水泛滥成灾。

护岸护滩一般是“护岸必先护滩”，当然，具体工作中，还应考虑具体河段的特点，确定治理顺序。为了防止河岸的破坏，护岸林必须和护滩林密切地结合起来，只有在河岸滩地营造起森林的条件下方能减弱水浪对河岸的冲淘和侵蚀。因为林木的强大根系，一方面能固持岸堤的土壤；另一方面根系本身就起减缓水浪的冲击作用。同时也应注意，森林固持河岸的作用是有限的，当洪水的冲淘作用特别大时，护岸应以水利工程为主，最好修筑永久性水利工程，如防堤、护岸、丁坝等水利工程。但是，绝不能忽视造林工作的重要性。在江河堤岸造林，尤其在堤外滩地造林有很大的意义，它不仅能护滩护堤岸，而且在成林后还能供应修筑堤坝和防洪抢险所需的木材，因此应尽可能地布设护岸护滩森林（生物）工程。

（二）营造技术

1.树种选择

在水库防护林和护岸（堤、滩）林业生态工程的设计中，选择造林树种是一项十分重要的内容，与其他林种比较，其对造林树种的要求有较大的差异。水库、护岸（堤、滩）林带的造林树种应具有耐水淹、淤埋、生长迅速、根系发达、萌芽力强、易繁殖、耐旱耐瘠薄等特性。另外，应考虑树种的经济价值及兼用性。

2.配置与设计

（1）水库防护林配置技术

①废弃地整治绿化与库区管理区绿化

由于水工程的废弃地整治后有良好的灌溉水源，应根据条件营建果园、经济林等有较高经济效益的绿色工程；也可结合水上旅游进行园林式规划设计。水库管理区绿化实际上也属于园林绿化规划设计的范畴。废弃地整治绿化参见有关规范和书籍。

②坝肩、溢洪道周边绿化

坝肩和溢洪道绿化应密切结合水上旅游规划设计进行，宜乔、灌、草、花、草坪相结合，点、线、面相结合，绿化、园林相结合；充分利用和巧借坝肩和溢洪道周边的山形地势，创造美丽宜人的环境。

③坝前低湿地造林

坝前低湿地水分条件较好，可选择耐水湿的树种，如垂柳、旱柳、杨、丝棉木、三角枫、桑、池杉、乌桕、枫杨等营造速生丰产林。造林时应注意离坝脚8 ~ 10m，以避免根系横穿坝基。遇有可蓄水的坑塘，可整治蓄水养鱼、种藕，布局上应与塘岸边整治统一协调，形成林水复合生态工程。

（2）河岸（滩）水土保持林配置技术

①护岸林

当河身稳定，有固定河床时，护岸林可靠近岸边进行造林；河身不稳定时，河水经常冲击滩地，可在常水位线以上营造乔木林，枯水位线以上营造乔灌混交林；河流两岸有陡岸不断向外扩展时，可先做护岸工程，然后再在岸边进行造林，或者在岸边留出与岸高等宽的地方进行造林。

②护堤林

靠近河身的堤防，应将乔木林带栽植于堤防外平台上。在堤顶和内外坡上不可栽植乔木，只能营造灌木，充分利用灌木稠密的枝条和庞大的根系来保护和固持土壤。

③护滩林

一般应采用耐水湿的乔、灌木，垂直于水流方向成行密植，可营造雁翅式防护林。在河床两侧或一侧营造柳树雁翅形丛状林带。多采用插条造林方法，丛状栽植，栽植行方向要顺着规整流路所要求的导线方向，林带与水流方向构成30 ~ 45°角，行距2m，丛距1m，每丛插条3根，一般多采用1 ~ 2年生枝条，长30 ~ 40cm，直径1.5 ~ 2.0cm。为了预防水冲、水淹、沙压和提高造林成活率，可采取深栽高杆杨、柳树。

3.抚育管理

对于水库、河岸（滩）水土保持林的抚育管理技术，可采用第五章内容，根据不同造林方法而营建的林型采用相应的方法进行林地的抚育和管理。

制订水库、河岸（滩）水土保持林营造、管理、更新的发展规划，在确保防护功能的基础上，提高经济效益。要建立管理专业队伍，苗木选育、栽培、抚育、更新、采伐、加工等要全程管理。造林树种在保证防护效果的前提下，选用经济价值高的树种，提倡营建混交林，特别在不淹水的大堤背水面可丰富造林树种，保持水库、河岸（滩）水土保持林持续稳定的综合效益。

七、经济林

（一）功能及分区

经济林是以生产果品、食用油料、饮料、调料、工业原料和药材等为主要目的的林木。水土保持经济林（又称水土保持经果林）是指在水土流失地类采用水土保持技术措施营造的可有效控制水土流失并生产果品、油料、饮料、调料、工业原料和药材等林特产品的经济林木。

水土保持经济林是配置在水土流失地区合适的地形部位，如山区丘陵区的坡面、山脚等，以获得林果产品和取得一定经济收益为目的，并通过经济林建设过程中高标准高质量整地工程，以蓄水保土，提高土壤肥力；同时本身也能覆盖地表，截留降水，防止击溅侵蚀，在一定程度上具有其他水土保持林类似的防护效益。水土保持经济林具有显著的经济效益、生态效益和社会效益，其屏障作用和产业作用并存且不可替代。发展经济林是我国山区改善生态环境、林业综合开发、林农脱贫致富的重要途径。经济林树种具有“一年种植多年收益”的特点，可为农民群众提供可靠的经济来源。通过营造水土保持经济林可以说既有生态效益，又有经济效益，是具有生态、经济双重功能的水土保持林种。

（二）营造技术

1.配置与设计

（1）原则

①因地制宜，适地适树；②以乡土树种为主，引进品种为辅，以灌木为主，乔木为辅；③根据当地的立地条件和技术经济要求，选用合理的整地方式，减少对原生地貌的扰动。

（2）树种选择

坚持造林立地条件与树种的生物学特性和生态性相一致的原则。选择多树种造林，防止树种单一化；因地制宜地确定树种的合理比例；适地适树，充分利用乡土树种，选择稳定性好，抗旱、抗病虫害能力强的树种。

（3）整地方式

南方地区经济林可采用穴状和水平阶整地。穴状整地，适于地形破碎的坡面和沟底，穴径0.40m，穴深0.40m。水平阶整地适用于坡面比较完整、土层较厚的坡面，阶面宽1 ~ 1.50m，具有3 ~ 5°反坡或阶边设埂，上下两阶的水平距离以设计的造林行距控制。为熟化土壤、改善土壤结构、蓄水保墒、提高造林成活率，整地应在造林前一年秋季为好。

2.抚育管理

造林后应及时进行松土锄草，做到除早、除小、除了，对穴外影响幼树生长的高密杂草要及时割除，连续进行3 ~ 5年，每年1 ~ 3次。松土锄草应做到里浅外深，不伤害苗木根系，深度一般为5 ~ 10cm。对造林成活率不合格的林地，应及时进行补植。

第七章　森林生态系统可持续经营与保护

第一节　森林生态系统可持续经营

一、森林生态系统可持续经营

（一）森林资源可持续发展的概念与目标

1.森林资源可持续发展

森林资源按自然属性可划分为生物资源和非生物资源。生物资源又可以分为植物资源、动物资源和微生物资源三类。植物资源包括林木资源和非林木资源；动物资源和微生物资源包含的种类很多。非生物资源是指无机环境条件，除光照、温度、湿度、空气等气象要素外，主要为土壤和水分条件，它们是森林生物赖以生存的条件，是森林生态系统不可缺少的组成部分，也是森林生态系统生产力的重要源泉。如果按森林资源的可更新型划分，则可划分为可更新资源和不可更新资源。可更新资源主要是指资源在总体上是可以更新的，而且在一定条件下可以通过人工与天然途径更新。可更新的森林资源主要由各种动植物和微生物资源。不可更新资源是指资源本身不具备再生属性，森林资源中的不可更新资源主要是非生物性资源。在森林生态系统中，可更新资源是经营利用的主要对象，森林生态系统经营的主要措施也是针对可更新资源而设计的，森林生态系统的主要功能也是由可更新资源发挥的。丰富多样的森林资源，以及多种多样的来自森林的物产不仅满足了人们在生产与生活上的日益增长的需要，同时为人类生存环境的保护发挥了巨大的与不可替代的作用，也是人类社会可持续发展的重要自然财富。

可持续发展观念既包含着古代文明的哲理，又富蕴着对现代人类活动的实践总结:“只有当人类向自然的索取能够同向自然的回馈相平衡时，只有当人类为当代的努力能够同人类为后代的努力相平衡时，只有当人类为本地区发展的努力能够同为其他地区、共建共享的努力平衡时，全球的可持续发展才能真正实现。”可持续发展始终贯穿着“人与自然的平衡、人与人的和谐”这两大主线，并由此出发，进一步探寻“人类活动的理性规划、人与自然的协同进化，发展轨迹的时空耦合，人类需求的自控能力，社会约束的自律程度，

以及人类活动的整体效益准则和普遍认同的道德规范”等，通过平等、自制、优化、协调，最终达到人与自然之间的协同以及人与人之间的公正。可持续发展必须是“发展度、协调度、持续度”的综合反映和内在统一。这就是可持续发展的基本理念。

2.森林资源可持续发展的目标

林业可持续发展目标应当包括社会、经济、生态与环境3个方面，比森林资源的可持续发展的范围宽得多。森林资源的可持续发展仅侧重于生物、生态与环境方面，即森林生态系统的可持续发展。它关注的是森林生态系统的完整性与稳定性，保持森林生态系统的生产力和可再生产能力以及长期的健康，对退化的生态系统进行重建与已有森林生态系统的合理经营，发挥森林生态系统的生态与环境服务功能的持续性。以往的森林经营目标是以林木及其副产品生产为主，希望能够充分提供食物和生活资料、货币收益最大、森林纯收益最大、林地纯收益最大。从森林生态系统的内部结构组成，可以用下面几个具体的目标作为森林资源可持续发展的目标：①无退化地开发使用林地，使林地能够永续不断地得到合理利用，充分发挥其生产潜力；②林木资源通过可持续方式的管理，能够有效不断地利用，并保证其质量不能下降，生物物种不能减少；③对森林其他野生动植物及非林木资源要持续不断地加以保护与利用；④森林在保护脆弱的生态系统、水域、农田方面以及作为生物多样性和生物资源的丰富仓库等都发挥着重要的作用。因此，要持续不断地保护这种自然环境与防护效益。

3.森林生态系统经营与森林可持续发展的关系

森林生态系统经营是森林经营的一种模式。它的最大特点就是贯彻可持续发展的思想，无论是对森林生态系统的利用与保护及建设，都得贯彻可持续发展的原则，以此来实现森林生态系统持续经营的目标。因此，森林生态系统经营可以认为是贯彻森林可持续发展思想的最佳途径，是森林可持续发展思想与原则的体现。当今，随着森林可持续发展的思想日益深入林业工作者与森林生态学研究者的工作构想，人们因此提出了森林可持续经营的模式，说明森林可持续经营在今天已不仅仅是一种森林经营的思想与理念，而是成了一种森林经营的途径，有了它的具体的森林经营的规划与措施。它与森林生态系统经营这一模式有着很大的相似性，但是它们也有一些不同之处，各有自己的特点，主要表现在：

第一，森林可持续经营与其他的工业的、农业的可持续发展一样，贯彻的是可持续发展的思想，是实现经营目标的思路与过程，而森林生态系统经营已成为森林可持续经营的主要途径。

第二，森林可持续经营是个长期的过程，涉及政治、法律、文化、教育、科技等各方面，在考虑森林资源可持续发展的同时，必须考虑当地的经济、社会的可持续发展，须将三者结合起来考虑与制订规划。也就是说一个地区的森林资源的可持续发展离不开当地经济与社会的发展，否则森林资源是无法实现可持续发展目标的。森林生态系统经营虽然要求在景观水平上长期保持森林健康与生产力，规划时要考虑生态、经济与社会的效益，但它主要是对传统森林经营模式进行改革，也涉及思想、人文社科领域的改革。在实践中强调公众参与与协作，在设计与运行时主要针对一个又一个的森林生态系统进行实施；在生产实践中必须具有可操作性，其经营目标也必须通过每一个具体的功能单位来实现，而且每项经营措施也必须落实到具体的地块上。

（二）森林生态系统经营的实践

1.森林生态系统经营的实践要点

对于森林生态系统经营在其思想内涵及其实施措施等方面，不同的研究者与决策、实施者们还有许多不同的看法，但还是有较多的认同之处。这也正是森林生态系统经营实践的基本要点，主要表现在以下方面：

第一，从目标来说，这种经营体系是要解决维持天然林的生物多样性与森林环境和木材采伐的矛盾。也可以说，在维护生物多样性与森林环境的前提下适度采伐与利用一部分木材。

第二，能够说明这种经营体系的本质不在于采用哪些具体措施，而在于为了达到保护生物多样性的目的，使天然林维持在一定的合理状态之中。这种合理状态表现在：生物多样性高，具有高的健康水平和生产力水平，能够可持续发展，在发生干扰时具有较高的恢复力。森林生态系统经营的一个重要内容是保持或促进生物多样性。可以通过分析影响生物多样性的森林结构特征来较好地设计相对应的生态系统经营技术，以达到促进生物多样性的目的。从生态系统观出发，一个健康的生态系统是稳定的和可持续的。评价生态系统是否健康可以从活力、组织结构和恢复力3个主要方面来定义。评价生态系统健康首先需要选用能够表征生态系统主要特征的参数，如生境质量、生物的完整性、生态过程、水质、水文干扰等。

第三，考虑到不同时空水平的结合（如区域水平、景观水平和林分水平），并特别强调景观水平的重要性。这包括增强景观水平的连接度、避免破碎化、保护水路与河岸带以及具有重要价值生境成分等方面。所以森林生态系统经营要求既做好林分水平的规划，又要做好景观规划。因为人类对森林的影响无处不在，仅仅设立保护区不足以甚至不可能维持生物多样性，保护生物多样性要维持所有森林的发育阶段和所有的森林类型。为保护生物多样性和资源的可持续经营，必须有景观的观念，以协调不同物种的生境需求和生态系统的功能特性。

第四，要使现有的森林树种组成朝向本地原始林所具有的成分转变。

第五，要增加天然林的比重。在天然林中，要增加原始老龄林的比重。要使广泛的天然林较少地受到木材生产与管理的影响。因此，应尽可能保护天然林，尤其在少林地区，

在人工林面积大的地区，要严格保护天然林，只能适当地调整林分的密度。

第六，森林生态系统经营对于科研要求较高。要求进行详细的调查、分析与规划，在不同时期有详细的调查数据，也需要有更科学、更明确的育林规程与作业指导手册。

2. 森林生态系统经营的行动步骤

（1）调查与评估

需要革新传统的调查理论、方法、技术与内容。在综合已有的知识与信息的基础上，按照森林生态系统经营的要求进行广泛细致的调查分析，除了森林资源与自然条件的调查，特别要注意以往所忽视的社会、经济及生态方面的信息的采集。不仅重视多资源、多层次的调查，而且重视评估，包括生态评估、经济评估与社会评估。

（2）制定森林生态系统经营战略

包括土地利用规划、生态系统经营计划、政策设计以及组织和制度安排。在规划与经营计划中，必须定义生态系统（边界、结构、功能与演替），定义森林经营的可持续性目标、协调空间规模和时间尺度，建立反映空间特征和生态过程的经营模型等。其规划已不同于传统的森林经营规划（即施业案），而是以景观生态学为基础的土地利用规划，为土地适应性分类和利用提出了一种新的方法和途径，即在一个全面保护、合理利用和持续发展战略下，将多种资源和多种效益的要求分配（或整合）到每块土地和林分上，以保持健康的土地状况、森林状态和持久的生产力。因此，森林生态系统经营的规划已不同于传统的规划，主要是立足点上的不同，复杂性与难度也大得多。在整个经营战略制定中，还要强调公众参与有关方面的合作决策。

（3）实施、监测和建立起自适应机制

首先，行动的各个有关方面要形成共识，促进相互理解与支持，在此基础上，执行适应性管理过程，建立新的监测和信息系统，增加调研和调整计划的方法，增强部门内外机构的合作，实施中必须促进地方的广泛参与，并增强组织的适应性，从而有效地导向森林生态系统经营的长远目标。所谓适应性管理，包括连续的调查、规划、实施、监测、评估、调控等整个过程的不断重复深化。为此，需要提出一个在各种所有制下开展森林经营活动的、现实的自然生态和社会经济状况的信息系统，一个多层次和多目标的调查监测系统，一个高新技术支持下的决策系统和便于对实施做适当调整的评价系统，这些对建立自适应机制是非常必要的。适应性经营是近年来逐步发展和完善的生态系统经营的一个重要手段。主要是人们由于知识的不完善及人类与自然相互作用的复杂性、不确定性，而对森林经营采取的一种渐进的适应性过程。它是一个连续的计划、监控、评价和调节的过程，通过循环监控、改进知识基础，帮助完善经营计划，必要时通过调节实践等实现资源经营的目标。因此，适应性经营已发展成为森林生态系统的重要管理工具。在克林顿政府的森林计划中，特别地考虑建立有代表性的适应性经营区，为森林生态系统经营提供知识、技术、组织管理经验及社会政治策略。

二、近自然森林经营

（一）近自然森林经营的原则

虽然近自然森林经营仍没有明确的定义，内涵也仍比较含糊，但其主要原则是比较明确的。近自然森林经营的原则主要包括：

第一，树种组成。森林应由乡土树种组成或至少由适合立地条件的树种组成。

第二，森林结构。森林应保持生态平衡，适度的生物多样性，目标为混交林、异龄林，且垂直结构多样性。

第三，森林经营。应用自我调节机制经营。

第四，调节森林环境。通过调节上层林冠、避免皆伐，采用小面积皆伐或择伐等措施调节森林环境。

第五，立木蓄积量（个体）。想提高林分蓄积量，要优先根据目标树的直径及生长，考虑提高目标树个体的蓄积量，而不是考虑林分的整个面积及平均林龄。

第六，自然死亡。允许有更多的自然死亡。自然死亡，枯立木以及一些自然更新可以通过总增长量以及演替概率计算将其融合在一起。

第七，建立森林保护区。欧洲森林的10%将被划为严格的自然保护区。

第八，轮伐期。轮伐期要更长。

第九，自然干扰。模拟自然干扰，未来将会根据暴风雨（或雪）以及火的概率介入更多的自然干扰。

（二）森林演替阶段划分及主要经营措施

1.森林演替阶段划分

近自然森林经营追求与立地条件的和谐性，尊重生态规律及其内在变化，而不是强制性地保持人为一致性。在实践操作上，近自然森林经营更趋向于运用自然更新原则，建立混交林（不同树种、不同林龄），使森林逐渐成熟化。当然，砍伐老树、种植幼树会给森林经营者带来很大的经济效益，这也是大量幼龄林分存在的重要原因，但从野生动物角度，相对较老的森林要比幼龄林更有价值。一个成熟的森林，有不同林龄的树木，从幼苗到老树，并且重要的是还有枯立木，枯立木能够为昆虫和幼虫提供藏身以及食物储藏的地方，能够提供与活立木相同的生态位。所以与形式整齐的幼龄林相比，成熟林年龄结构更加复杂，并且能够容纳更多的生物种。因此，保护主义者更偏重于对成熟林的保护。森林经营者和保护主义者常常在森林经营应用方面发生分歧。

2. 主要经营措施

模拟自然干扰进行近自然森林经营，无论在政策还是具体措施实施之前，都要做认真的思考。近自然经营遵循以下4个阶段：

（1）建群阶段

指森林郁闭前的阶段，尚未形成森林小气候。该阶段主要特征如下：75%以上的建群树种树高小于4m，胸径小于5cm；林冠尚未郁闭；建群树种主要为喜光、先锋树种。

经营目标：促进林木个体生长，使林分尽快郁闭。

经营措施：严格管护，避免牲畜破坏、薪材采集，预防森林火灾等，减少对地表的扰动。标记有发展前途的天然更新幼树，去除影响其生长的灌草，更新幼树。去除干扰标记木生长的灌草，根据立地条件，对位于阳坡的标记乔木幼树进行扩埯。如果天然更新幼树密度较低，在土层较厚、水分条件较好的地段应进行目的树种的补植。

（2）郁闭阶段

指从林冠郁闭开始到林分出现显著分化的演替阶段。建群树种为了充分利用阳光，进行竞争性高生长。林下灌草因为遮阴而开始死亡，天然更新的耐阴树种开始在林下出现和生长。该阶段主要特征如下：大部分林木高于4m，胸径大于5cm；林冠已基本郁闭（郁闭度0.5以上），已形成森林小气候；林木开始分化；林下灌草开始死亡，林下开始天然更新。

经营目标：促进林木的高生长和目标树的质量形成。

经营措施：加强管护，避免牲畜破坏、薪材采伐，预防森林火灾等。充分利用自然整枝、修枝。标记目标树和干扰树，培育目标树，伐除干扰树。

（3）分化阶段

指林木出现明显分化的阶段。林内出现生活力弱、生长显著滞后于生活力强的林木，林下植被稳定。此阶段主要特征如下：林冠已郁闭（郁闭度大于0.7）；林分高度达到6m以上，林木胸径达到10cm以上；林木树高分化明显；林下植被开始发育，耐阴树种开始生长；明显出现具有4m以上无损伤通直主干的林木。

经营目标：促进目标树又好又快生长。

经营措施：选择并标记目标树，当目标树出现死枝或濒死枝时进行修枝。仅对郁闭度0.7以上的林分中的干扰树进行间伐，间伐后的郁闭度不低于0.6。对于林分密度较大的森林，经营活动可以提前至郁闭阶段，可分2 ~ 3次间伐。人工林中天然更新的乡土树种，须采取扩埯、围栏、割灌等保护措施。对伐木集中、枝叶等采伐剩余物尽量留在地表，集材时要保护幼树、枯落物层和土壤。

（4）恒续阶段

指森林形成以顶极群落树种占优势的阶段。此阶段主要特征如下：林木高度的分化格局基本形成，林分具备了良好的垂直结构；树种多样性丰富；林分天然更新达到良好等级，在受自然干扰或采伐后形成的林窗、林隙出现先锋树种；地表植被以典型森林草本植物占优势。

经营目标：保持林分的多样性、稳定性和持续性。

经营措施：标记目标树和干扰树，并伐除干扰树。采伐利用达到目标胸径的常规目标树（采伐后的郁闭度应控制在0.6左右）。针叶树目标胸径为40cm以上，阔叶树目标胸径为50cm以上。在采伐和搬运过程中应注意对林下天然或人工更新的幼树进行保护，同时不应损伤其他目标树。

（三）目标树经营措施

1. 目标树选择

目标树是指那些在林分里能产生主要经济价值、带来主要经济效益或服务功能的树木。这些价值常常与木材产量联系在一起，但也可以与野生动物生境、生态美或水源涵养等功能联系在一起。通常目标树是我们最需要，并且最有潜力的树木。但不同用途的目标树，选择标准是不一样的。例如，生产木材的目标树，应选择那些市场价格好的优势树种，杆形通直；树冠大，且枝叶茂盛；主干没有侧枝；树皮没有裂痕（暴露树木内部）；树龄一般在15 ~ 30年（树龄太小，高度不够；树龄太大，空间释放效果不好）。作为野生动物生境的目标树首选那些成年结果树，树冠大而健康，树体上有枯枝及洞穴，且树种要丰富。水源涵养林首选树冠大而健康、易于营养积累、耐洪水冲击的树种。景观树种要选那些外形独特，或花叶独特的树种等。对林分做调查记录，明确记录有潜力作为目标树的树种、直径、高度、自由生长速率以及周围竞争树木的情况。自由生长速率对确定目标树和竞争树是一个非常重要的指标。选择好目标树后，可以用油漆在目标树上做标记，以便跟踪它的未来生长状况。目标树数量的确定取决于经营年限的确定、未来工作安排、人力物力限制以及已完成的工作量等。

2. 目标树空间释放

选择好目标树后，下一步工作就是给目标树提供充足的生长空间，也叫“砍伐竞争树”或“目标树空间释放”。光照是影响树木生长的首要因子，目标树树冠与周围树冠相交错，大大影响了生长速度。竞争树就是指那些与目标树树冠交叉，或在未来几年将与目标树树冠交叉，或树冠在目标树上方影响其光照的树木。竞争树会影响目标树树冠的生长。那些在目标树树冠下方的树木，并不是竞争树。竞争树通常要被砍掉，同时也可以增加一定的经济收入。目标树空间释放工作（砍伐竞争树）最好在目标树树龄15年之后或者树干高度达到我们需要的高度时再进行。随着周围竞争树树冠的去除，目标树树冠会向四周空间延伸，随之，目标树树干直径的生长速度也会明显加快。

3. 目标树修枝

修枝只针对目标树进行，可以更健康、更安全地提高高质量木材的经济价值。通过减少目标树树干的结疤，提高树干通直度，一般可以提高立木价值20%～25%。一般针叶树和枯枝可以在一年四季的任何时候修枝，但最好是在树木休眠期进行；尤其对阔叶树，这一点更重要。一次最好不超过活枝条的1/3，枯枝也应该修剪掉。目标树经营要优先选择立地条件好的林分。一个林分的好坏，在很大程度上得益于经营措施，但对立地条件的依赖性可能会更大。立地条件好的林分可以使一定的劳动付出最大限度地转化成为经济效益。如果在过去的经营过程中，已砍伐掉了最好的树木，林分留下来的都是质量较差的树木，在这样的林分中，首先要选择恢复更新，然后再进行目标树经营。

第二节　森林保护

一、林木病害及其防治

（一）林木生病的原因

1. 传染性病害和非传染性病害

林木因为某种原因而枯黄、烂根、烂皮、提早落叶、落果直至死亡都称为林木病害。引起病害的原因就称为病原。

有人以为林木病害是由于土壤不好、旱、涝、霜冻等原因引起的，只要改善这种状况病害就可消除；有的人认为林木病害是由某种病菌引起的，防治病害的根本措施是消灭这些病菌。其实这2种看法都有一定的根据，但又都是片面的。林木病害的原因是多种多样的。有的的确是主要由上述的土壤或气象因素引起，在病理学上称之为生理性病害。由于这类病害没有传染性，所以又称为非传染性病害。还有一类病害主要是由某种生物在特定的环境条件配合下侵害林木而引起的，这类病害具有传染性，所以称为传染性病害或侵染性病害。非传染性病害主要是通过改善栽培管理等方法来解决，而传染性病害除改善栽培条件外，还必须采取一些特殊的措施来防治。虽然这两类病害在性质上有所不同，但二者有密切的联系。一般说来，这两类病害能起到相互促进的作用。如杨树会由于受干旱而促进烂皮病的发展，而杨树感染烂皮病后，会使得树木更不抗干旱的侵袭。

2. 传染性病害的病原

（1）真菌

真菌是一类为数极多、分布极广的生物，与人类的关系非常密切。地上的蘑菇、马勃，树上的老牛肝、木耳，医药上制造青霉素的青霉、冬虫夏草、灵芝，酿酒的酵母，防治害虫用的白僵菌都是真菌。能引起林木病害的只是真菌中的极少数。真菌所引起的林木病害种类极多，据统计，在林木的传染性病害中大约有90%是真菌引起的。真菌是一群低等生物。菌体分为营养体与繁殖体两部分。营养体多是丝状的，称为菌丝。菌丝很纤细、反复分枝。单根的菌丝只有在显微镜下才能看清。成团的菌丝像一团棉絮。如食物上或潮湿物体上长的霉便是一团菌丝。菌丝由细胞构成，内含原生质和细胞核。菌丝在有营养的物体表面或内部伸延，并汲取养分。当菌丝发育到一定阶段，并有合适的外界条件时便进行繁殖。真菌用各种各样的孢子繁殖。它的作用与植物的种子相同。孢子直接长在普通的菌丝上或特化的菌丝上。有的孢子长在一个由菌丝组成的容器里或一个特殊的结构上，这个容器或结构及其中孢子即称为子实体，与植物的果实相似。真菌孢子的种类很多，常见的有分生孢子、卵孢子、子囊孢子、担孢子等。孢子的体积很小，单个的孢子不在显微镜下是看不见的。在显微镜下可以发现，不同真菌的孢子在形态、颜色上是互不相同的，有圆形、椭圆形、长杆形、线形、星形等，有的无色透明，有的带有某种颜色。因此，孢子的形态和颜色可以作为识别真菌种类的重要标志。由于孢子的体积小，数量大，所以便于各种自然因素，如风、雨水、昆虫等传播。孢子遇适当的温、湿度条件即可萌发，再生长成菌丝。菌丝的生长需要高的湿度和适宜的温度。对于大多数真菌来说，饱和的湿度和18 ~ 25℃的温度都是合适的。所以真菌引起的植物病害大多发生在温暖多雨的季节。

真菌是一个很大的生物类群，可以划分为鞭毛菌、接合菌、子囊菌、担子菌、半知菌等几类。与林木病害关系密切的是后三类真菌。如常见的杨树烂皮病菌、白粉病菌都属于子囊菌；蘑菇、老牛肝、锈病菌等属担子菌；而各种引起叶片和果实斑点的病菌则多属半知菌。

这些病菌的孢子落在合适的植物上，萌发后便可能侵入植物引起病害。

（2）细菌

细菌是单细胞生物，细胞由细胞壁、细胞质和核质组成，没有具体的细胞核。体积很小，一般需要在高倍显微镜下才看得见。形态简单，大多呈球状或棒状，少数的呈螺旋状。有的细菌在其一端、两端或周身生有鞭毛，可以游动。细菌细胞以一分为二的方式进行繁殖。繁殖的速度很快，一般在1h内就能分裂一次，在适宜条件下，有的只要20min。细菌的生长繁殖也像真菌一样要求高温高湿。最适于植物病原细菌生长的温度约为26 ~ 30℃。

细菌是动物病害的主要病原。但为害植物的却为数极少，且以侵害农作物为主。所以，林木上由细菌引起的病害种类不多。不过，有几种林木上的细菌病害却是毁灭性的。

（3）病毒和类菌质体

这是两类结构极为简单的微生物，它们的粒体由蛋白质和核酸组成，没有细胞壁和

核。体积比细菌小得多，最好的光学显微镜也看不见，只有在电子显微镜下才能看清其形态。病毒呈球状、杆状或纤维状，类菌质体则多为圆形、椭圆形成不规则形。这两类微生物分布极广，各种动植物和微生物都可能受到侵染，在栽培植物中几乎没有不受病毒危害的，但这两类微生物在裸子植物上极少发现。在林木上，类菌质体的危害远过于病毒。在我国林木上已查明与类菌质体有关的病害如泡桐丛枝病、枣疯病、桑萎缩病等都是毁灭性的。在自然界，病毒和类菌质体主要靠昆虫，特别是射虫和叶蝉等传染。这些昆虫在有病的植物上吸取汁液时，连同把病毒或类菌质体吸入体内，当它们转移到健康植物上取食时，便把病原传染给了健康植物。有的病毒和类菌质体还可以在传病的昆虫体内增殖，直至随同带毒昆虫的卵传给后代。一种病原物既能侵害植物，又能寄生于动物，这种现象在自然界是极为罕见的。人工嫁接也是传染病毒和类菌质体的重要途径。把生病的植株做接穗或砧木与健康植株嫁接，就可把病害传染给后者。凡是从带病毒或类菌质体的植株上采取的接穗、插条或根条都是带毒的，以此繁殖出的植株都是病株。因此，在选取母树时必须十分注意。

（二）林木病害的症状和诊断

1. 白粉病类

由真菌中的白粉菌引起，多发生于叶上，有时也见于幼果和嫩枝。病斑近圆形，其上出现很薄的白色粉层。后期白粉层上出现散生的针头大的黑色或黄色颗粒。这类病害在阔叶树上非常普遍，对幼苗、幼树为害比较严重，对大树一般影响不大。

2. 锈病类

由真菌中的锈菌引起，发生于枝、干、叶、果等地上部分。主要特征是病部出现锈黄色的粉状物，或内含黄粉的疱状物。锈病在林木上也很普遍，其中松疱锈病是全世界广泛分布的一种毁灭性病害。多数叶锈病只对苗木和幼树有一定威胁。

3. 瘫点病类

多发生于叶及果实上，是最常见的一类病害。病部通常变褐色，形状多样。根据病斑形状及颜色不同，又将这类病害分别称为角斑病、圆斑病、黑斑病、褐斑病等。病斑上常出现绒状霉层、黑色小粒点等。大多由真菌、细菌、缺素和空气污染等原因引起。多数斑点病对树木影响不大，但有的种类如果严重地发生于幼苗上，可能会引起死亡。

4. 烂皮病类

发生于枝干，多由真菌和细菌引起。枝干受病后，局部皮层积水成水浸状，组织变软发褐，最后腐烂。如病部环绕枝干一周，其以上部分即因断绝水分及养分供应而枯死。针、阔叶树均可发生。杨树烂皮病（腐烂病）即属这一类型。

5. 腐朽类

多发生于成熟和过熟林分。由真菌引起。病菌由伤口侵入根、干，分解木质部使之腐朽。立木的心材腐朽对林木生命力的降低一般不明显，但对木材的使用价值影响极大。

6. 肿瘤病类

多由真菌或细菌引起，有的是由蚜虫、线虫等引起的，发生于植物的各个部分。病菌刺激植物组织过度生长而成肿瘤，使植物生长衰弱甚至死亡。

7. 丛枝病类

林木由于受类菌质体、真菌或其他因素的影响，顶芽生长被抑制，侧芽则受刺激提前发育成小枝。小枝的顶芽不久又受到抑制，小枝的侧芽随之再发育成小枝。如此往复的结果使得枝条的节间缩短。叶片变小、枝叶簇生。枣疯病、泡桐丛枝病、苦楝丛枝病等都是破坏性很大的病害。

由上述可知，一定的病害是与一定的病原相联系的。有经验的人通过对症状的观察便能诊断病害的原因。但是病害症状的类型是很有限的，而病原的种类却非常多。因此，往往会出现不同病原引起同类症状的情况。在依靠症状难于诊断的情况下，必须进一步做显微镜检验，以便直接鉴定病原的种类。

（三）我国林木的几种严重病害及其防治

1. 种实和幼苗病害

良种壮苗是提高造林成活率的重要环节。不健康的种实不仅降低了本身油用、食用等使用价值，而且作为播种材料还将降低出苗率，或使苗木生长柔弱。苗木病害除导致苗木生长不良甚至死亡外，还可能将病害带到造林地，起到传播病害的作用。因此，在营林活动中必须重视种苗病害的防治和出圃检疫工作。

我国林木种实的病害主要是霉烂问题。大粒种实，如橡实、板栗、松子、核桃等的霉烂非常普遍，往往造成严重损失。发霉的种子表面多生有各种颜色的霉状物，内部则变褐、僵硬、透油或糊化。有的外表发霉，而内部尚未变质，这种种子仍可利用。但也有些种子，外表症状不显著而内部已变质。霉烂主要发生在储藏期，催芽方法不当也易发霉。霉烂的病原虽为各种菌类，但促使菌类滋长的原因则在于储藏的条件不良。高温、高湿、不通风最易促使种子霉烂。防治方法主要是在储藏前使种子适当干燥；储藏库保持低温、干燥和适当通风。催芽前，种子和用具、沙等先行消毒。催芽期间要进行翻堆，使之通风。

苗木病害的种类很多，许多发生于幼树和大树上的病害也见于苗木，一旦发生于苗木上，其为害往往更为严重。如杨类叶锈病、松叶枯病、泡桐炭疽病等，虽常见于大树，但以为害幼苗为主。少数病害，如猝倒病、茎腐病、根瘤线虫病等则是幼苗所特有的。引起这些病害的病原物即使偶尔见于大树上，也不引起可见的症状。

（1）猝倒病

苗木所特有的病害中，以猝倒病最为普遍而严重。这种病害发生于世界各国苗圃。无论南方或北方，针叶树苗或阔叶树苗都可能受此病危害。针叶树苗中的松、杉、落叶松等最易感病。但柏类是抗病的。病害发生在未木质化的幼苗上。从播种出芽起，至出苗一个月内是发病盛期。出苗以前发病表现为缺行断垄。幼苗刚出土时由于组织柔嫩，发病后迅速倒伏，故称猝倒病。苗木木质化后发病，病苗枯死但不倒伏，故此病又称立枯病。

此由多种真菌引起，其中主要是镰孢菌、丝核菌和腐霉菌。这些病菌生活在土壤中，侵染幼苗的根、根颈及未出土的幼芽。除木本植物的幼苗外，它们还侵害棉、茄、瓜类等农作物的幼苗，这些病菌对环境的适应性强、寄主范围广，所以很不易消灭。猝倒病的防治方法因病菌种类和气候、环境条件的不同而有所差异。首先要选好圃地。培育易感病的松、杉苗木时，苗床应选在排灌条件好的地段上。不在棉、茄、瓜等前作发病重的地上育这类苗木。整地要细致，在南方切忌雨天操作，以免造成土地板结。播前或播种时进行土壤或种子消毒是防治猝倒病的关键措施。土壤和种子消毒剂在北方多用五氯硝基苯，因此种药物对北方地区的主要猝倒病菌——丝核菌有特效。但在我国南方因主要病菌不同，消毒时多采用硫酸亚铁、石灰等，或在苗床上铺垫一层没有病苗的黄心土以代替土壤消毒。播种后在保证出苗和生长的限度内尽量少灌水可减少发病。

（2）杨叶锈病

杨树叶锈病也是幼苗上的常见病害。发生于胡杨、毛白杨、山杨、小青杨等各种杨树上。春季嫩叶上出现鲜黄色小粉斑，斑上的黄色粉末就是病菌（锈菌，真菌中的一类）。在生长季节中，病菌不断产生、传播并侵染叶片，使病害不断扩大。严重发病的叶片卷曲、干枯、早落，可使幼苗或幼树年生长量下降50%以上。防治这种病害主要是使用化学药剂和培育抗病的杨树品种。

2.幼林病害

幼林的生存环境还不很稳定，特别是新栽植的幼林，根系发育尚不健全，抗逆能力较差，病害易于发生。人工幼林一般为同龄纯林，病害易于传播和流行。有的地方造林时不注意适地适树的原则，幼树生长衰弱尤其易受病害侵染。随着造林面积的不断扩大，幼林病害的防治问题将日趋重要。

我国地域跨度大，南北气候条件和树种不同，病害种类也相差很远。在南方，油茶炭疽病、软腐病、油桐枯萎病、木麻黄青枯病、湿地松褐斑病、马尾松和云南松的赤枯病等是生产上的重要问题。在北方，危害最大的是泡桐丛枝病、杨树溃疡病和烂皮病、落叶松枯梢病和早期落叶病及红松的疱锈病等。

（1）油茶炭疽病

油茶炭疽病是南方油茶栽植区经常流行的病害。正常年景，因病落果率一般在20%左右。病害发生在叶、果、枝、梢和花蕾等部位，以叶片和果实受害最重。果实上病斑黑色、圆形，或数个病斑连接在一起呈不规则形。雨后或露水湿润后，病斑上出现粉红色黏滴，内含大量病菌孢子。叶上病斑多呈半圆形或不规则形。病菌主要从叶、果的伤口侵入。5月开始发病，7～9月为发病盛期。发病程度与降雨关系密切，当年春、夏雨多则病害严重。

（2）湿地松褐斑病

湿地松褐斑病是近年来发现的一种重要病害，有向南方其他省（自治区）扩展的趋势，病叶上起初出现褪色的圆形小斑，随后变褐。一针之上病斑往往多达10个以上。病叶明显分为三段，上段变褐枯死，中段褐色病斑与健康组织相间，下段仍保持绿色。当年病叶一般至翌年5～6月开始脱落。严重发病的林分可成片枯死。此病的大面积防治还缺妥善办法。无病地区在引种时应特别注意苗木检疫。选育抗病品系是防治此病的重要途径。

（3）泡桐丛枝病

这是泡桐上一种毁灭性病害，对生产影响极大。病害由个别枝条发展到全株。病株节间短、顶芽受抑制，侧芽当年萌发成小枝。不久，小枝上的侧芽再萌发成小枝。如此一年数次，使得枝条丛集，细而柔弱，枝上叶小而黄，当年苗或新栽幼树发病后，往往当年即枯死。大树发病后，视病枝多少对生长造成不同程度的损失，一般不致枯死。泡桐丛枝病由类菌原体引起。在自然条件下，可由危害泡桐的刺吸式害虫，如娇驼跷蝽、茶翅蝽等传播。在生产中主要是由种根传带的。由于类菌原体侵入树木后，即扩展到根、茎、叶各个部分，如从病树上采集种根繁殖，幼苗即带有这种病原物，最终导致发病。此病的防治应从慎重选好无病种根着手。种根最好用50℃温水浸10 ～ 15min，以杀死种根内可能携带的类菌原体。由实生苗造林也可减少病害。如平茬苗发病，可于麦收前后注射1万单位盐酸四环素（或土霉素）液，每株15 ～ 30mL，有明显疗效。对幼树或大的病树，及时修除当年生小病枝或环剥老病枝，可减轻病情。选用抗病性较强的豫杂一号和白花泡桐造林，发病较轻。

（4）杨树溃疡病

普遍发生于杨树各栽植区，而以“三北”地区的防护林和沙地上的片林发病最重。病苗生长衰弱或枯死。定植后1 ～ 3年的幼树最易发病。杨树上溃疡病的种类很多，我国北方最常见的一种由丛生小穴壳菌（真菌的一种）引起。病斑多集中于主干中、下部，近圆形、大小如黄豆，病处树皮变褐、稍下陷。秋季往往表现为水泡状，泡破裂后有褐色黏液流出。在华北地区，此病于4月上旬前后开始发生，5月上旬前后进入高峰期。夏季基本停止发展，秋季9月前后病害又有所回升。病害的发展与林木的生活力关系特别密切。在根部受损害、干旱或受冻害情况下，病害易于发生。所以在防治上，中心问题是移植时

注意保护根系，定植后的苗木或幼树要加强水、肥管理，用化学药剂涂干只是一种辅助措施。不同种或品系的杨树抗病力差异很大。北京杨、小美旱、新疆杨、沙兰杨都是很易感病的树种，使用这些树种造林要特别注意防治此病。烂皮病也是杨树上的危险病害之一。其发生规律及防治措施与上述溃疡病相似。但症状有所不同。烂皮病病斑大而呈不规则形，不形成水泡。这2种病害往往同时见于同一林分或同一植株上。

3.成、过熟林病害

各种幼林祸害都可见于成、过熟林分，但成林对这类病害的抗力一般较强。成、过熟林分突出的病害问题是林木腐朽。腐朽虽也发生于中、幼龄树木，但主要是危害老龄树木。腐朽由真菌引起。由于腐朽多在心材部分扩展，对树木生活力影响不大，故外表症状不甚明显。枝、干上生有“老牛肝”或蘑菇的树木，其木质部肯定已经发生腐朽，但没有这类东西的树木不一定未朽。从外表上判别无明显外部症状的林木是否腐朽，需要有丰富的经验。我国对于成、过熟林的病害一般不进行防治。个别有特殊价值的大树则可能采用特殊的防治办法。如公园的风景树和古迹树的腐朽，可用挖、镶、补等外科疗法。

我国林木的病害还处于发展的阶段，许多在国外有严重危害历史记录的病害种类在我国才刚刚发现；有些病害虽早已发现，但就发展的现状来看其危害性质还有待重新估价。随着造林面积的扩大，幼林的不断成长，不少病害也正在扩展之中。同时，目前我国正不断从国外引入新的树种，国内种苗的交换也很频繁。一些危险性病害很可能随种苗传入我国或新区。另一方面，我国对林木病害的研究工作还不够全面、深入，测报机构不健全，对危险性病害的防治能力也比较薄弱。这是一个很大的矛盾，有待于在今后的工作中不断解决。

二、森林虫害与防治

（一）与林业关系密切的7个目

与林业关系密切的昆虫主要隶属以下7个目：

1.直翅目

包括蝗虫、蝼蛄、蟋蟀和螽蟖等昆虫。主要特点为：触角丝状；口器为咀嚼式；前胸背板发达，前翅为复翅，后翅为膜翅，静止时后翅折叠在前翅的下面；后足多为跳跃足，若非，则前足为开掘足；雌性多具有突出的产卵器；不完全变态。该目蝼蛄科是苗圃中的重要害虫。

2.半翅目

统称为蚁或蝽蟓，体扁，多具臭腺；触角丝状，4 ~ 5节；口器为刺吸式，喙分节并发自头前端。多为2对翅，前翅为半鞘翅，后翅为膜翅，也有个别种类无翅或翅退化；不完全变态。该目一些种类通过取食植物的汁液对树木造成危害。

3.同翅目

包括各种蝉、沫蝉、叶蝉、飞虱、弱虫和介壳虫等。主要特点为：口器为刺吸式，从头的后方生出，喙通常3节；触角短，刚毛状，少数成丝状；单眼2 ～ 3个；前翅质地均匀，膜翅或革质翅，休息时常呈屋脊状置于身体的背面；附节1 ～ 3节；多数种类有蜡腺；不完全变态。该目昆虫取食植物的汁液，是农林害虫的重要类群。

4.鞘翅目

统称为甲虫，是昆虫纲中最大的一个目。主要特征为：口器为咀嚼式；触角多为11节，类型各异；前胸发达，中胸小盾片常为三角形，前翅为鞘翅，后翅为膜翅；可见的腹节数少于10节。完全变态。该目包括很多林木的重要害虫和一些捕食性天敌。

5.鳞翅目

鳞翅目昆虫包括所有的蝶类和蛾类，主要特征为：身体上常被鳞片；口器为虹吸式；触角棒状、栉齿状或丝状。单眼2个或无；翅2对，均为鳞翅，翅有13 ～ 15条翅脉，除个别种类外，后翅最多只有10条翅脉，翅的基部中央有翅脉围成的中室；足的附节多为5节；完全变态。该目昆虫是林业生产的一类重要害虫，成虫期不取食，但幼虫期取食较多，危害很重。

6.膜翅目

包括各种蜂类和蚂蚁。主要特征为：口器多为咀嚼式，蜜蜂科为嚼吸式；触角12 ～ 13节，丝状、锤状或肘状；复眼大，单眼3个；翅膜质，前翅大，后翅小，前后翅以翅钩形式连锁；跗节5节；腹部可以见到6 ～ 7节，第一腹节并入胸部形成并胸腹节，第二节形成较细的腰，称为腹柄。完全变态。该目一些植食性的种类是林业上的害虫，寄生性的种类是害虫的天敌。

7.双翅目

包括各种蝇、蚊、蛆、虻和蚋等种类。该目的特点是：口器有刺吸式、舐吸式等类型；触角为具芒状、丝状或环毛状、念珠状等多种类型；复眼大，单眼3个；成虫只有1对发达的膜质前翅，后翅退化成平衡棒；雌虫腹部末端能伸缩成为伪产卵器。完全变态。该目一些植食性的种类是林业上的害虫，还包括一些捕食性及寄生性的天敌。

（二）森林害虫综合管理策略及方法

随着社会发展和经济技术条件的改善，害虫的防治策略处于不断变化中。过去基本上是自然防治和农业防治，后来，出现了一些高效广谱的有机杀虫剂，但单纯依赖农药及滥用农药的情况十分普遍，并由此产生了“农药合并症”，即害虫产生抗药性、害虫的再增猖獗、造成环境污染及危害人类健康。20世纪70年代，“害虫综合管理”（IPM）理论开始成熟，这个系统考虑到害虫的种群动态及其有关环境，利用所有适当的方法与技术，以尽可能相互配合的方式，把害虫种群控制在低于经济危害的水平。IPM强调三点：一是害虫治理的目的只要求降低害虫种群数量，使其不造成危害，而不是彻底消灭害虫；二是害虫的防治要根据其种群的动态及有关环境；三是强调了各种防治方法的协调配合使用。20世纪90年代一些学者又将“害虫综合管理”发展为“害虫生态管理”（EPM），更强调在整个生态系统中考虑害虫管理问题。

林业害虫综合治理利用的防治方法及技术主要有：

1.植物检疫技术

植物检疫，又称法规防治。即一个国家和地区，明令禁止人为地传入或传出某些危险的病虫害、杂草，或者在传入以后，限制其传播。这对保护一国或一个地区的农林生产，具有重大的意义。

2.林业技术防治

这是IPM策略非常推崇的害虫管理措施，即在林业生产工作中，考虑到害虫的发生因素，努力营造利于树木健康生长而不利于害虫危害极大发生的环境条件。林业技术防治包括苗圃管理、适地适树、合理营造混交林、加强抚育及培育抗性树种等。

3.物理机械防治

应用简单工具以至近代的光、电、辐射等物理技术来消灭害虫，或改变物理环境，使其不利于害虫生存、阻碍害虫侵入的方法，统称为物理机械防治法。包括利用人力或简单工具，根据害虫产卵、化蛹及成虫的习性，直接捕杀害虫；或利用害虫对某些物质或条件的强烈趋向，将其诱集后捕杀，如灯光诱杀、潜所诱杀、饵木诱杀等。

4.生物防治

生物防治主要包括利用天敌昆虫、病原微生物、捕食性动物和昆虫激素等方法来防治害虫。天敌昆虫包括捕食性天敌和寄生性天敌，利用天敌的具体方法有人工繁殖释放及外来种引进等方法。可以使昆虫感病致死的微生物有细菌、真菌、病毒、原生动物和线虫等，目前应用最多的是真菌、细菌和病毒，其中苏云金杆菌已形成多种商品制剂。生物防治具有不破坏生态平衡、不污染环境等优点，应大力提倡并加强研究。

5.化学防治

化学防治是利用杀虫剂来控制害虫。杀虫剂按照其侵入虫体的途径可分为触杀剂、胃毒剂、内吸剂、熏蒸剂等类型。实际应用时要针对不同口器类型及害虫的不同特点，选择不同类型的杀虫剂及施药方法。

（三）主要森林害虫及防治

1.地下害虫

地下害虫是指生活在土中危害苗木根部的害虫。地下害虫数量大、分布范围广、食性杂、发生隐蔽、长期猖獗危害，因其常常给苗圃育苗工作带来损失，又称为苗圃害虫。地下害虫主要包括鞘翅目的蛴螬类、金针虫类、象甲类，鳞翅目的地老虎类，直翅目的蝼蛄类等。防治地下害虫应首先加强苗圃经营管理，包括慎重选择苗圃地、使用充分腐熟的厩肥、及时灌水、轮作等。化学防治可进行土壤消毒、在缺苗断垄处进行药剂灌根及在成虫期直接杀虫等。

2.幼树顶芽及枝梢害虫

幼树生长阶段，林内尚未郁闭，经常遭到喜光性害虫的危害。如蚜虫、蚧类、木虱、叶蝉等刺吸式害虫，这类害虫吸食幼树的顶芽、嫩叶及幼茎的汁液，受害部位呈现斑点或卷叶萎缩，或形成虫瘿。除此以外，这类害虫还能传播病害，排泄物污染枝叶形成煤污病。这类害虫的防治应首先加强植物检疫工作，控制传播；化学防治要选用具内吸作用的药剂。钻蛀枝梢、嫩芽的有梢螟类及卷蛾类害虫，这类害虫的防治可人工剪除虫梢，促进幼树提早郁闭；合理应用化学防治，将害虫控制在幼虫侵入以前。

3.食叶害虫

食叶害虫是指能大量取食叶片，给树木生长带来影响的昆虫，这类昆虫均具有咀嚼式口器，大多裸露生活，繁殖能力强，往往有主动迁徙、迅速扩大危害的能力，因而常形成间歇性暴发危害。食叶害虫主要是鳞翅目昆虫，此外还包括叶蜂类和一些甲虫等。在我国，针叶树的食叶害虫主要是松毛虫类，由于纯松林面积广，加之松林经营管理及防治措施等方面存在的问题，松毛虫常常猖獗成灾。松毛虫的防治包括改善松林环境；注意保护天敌及利用病原微生物；合理使用化学药剂等。阔叶树的食叶害虫危害较重的还有舞毒蛾、美国白蛾等。

4.蛀干害虫

蛀干害虫一般以幼虫在树干韧皮部、木质部及髓部蛀食危害，破坏植物的输导组织，一旦树木受害后，往往很难恢复。蛀干害虫主要包括鞘翅目的天牛类、小蠹类、吉丁虫类、象甲类，鳞翅目的木蠹蛾类、透翅蛾类以及膜翅目的树蜂类等。这类害虫生活隐蔽，防治较困难。防治应加强植物检疫，严禁带虫木运输传播；物理防治可用饵木及信息素诱杀；化学防治可用向坑道内注药、熏蒸剂熏杀坑道内幼虫等方法。

5.种实害虫

种子是育苗、造林所必需的，由于种实害虫的侵害，会降低种子的质量和产量。种实害虫多属于鳞翅目的螟蛾类、卷蛾类、举肢蛾类，鞘翅目的象甲类、豆象类，膜翅目的小蜂类及双翅目的种蝇类等。这类害虫多在花期或幼果期产卵，随着种实的生长而取食发育。因其隐蔽危害，防治应侧重于清除成虫，防止产卵，并防治未侵入种实的幼虫。另外，在种实采收、储藏及调拨过程中，应严格检疫，控制种实害虫的传播。

三、森林防火

（一）林火发生的条件

造成森林火灾发生和蔓延的因素可分为三类：稳定少变的因素，如地形、树种等；缓变因素，如火源密度的季节变化、物候变化等；易变因素，如温度、湿度、降水、风速、积雪等。

1.地形条件

地形会导致局部气象要素的变化，从而影响着林木的燃烧条件。如坡向，一般北坡林中空气湿度比南坡大，植物体内含水量高，不易发生火灾；坡度大的地方径流量大，林中较干燥，易发生火灾，一旦林火出现，受局部山谷风的作用，白天有利于林火向山上蔓延，阻碍林火下山，夜晚山谷风的作用则恰恰相反；另外，植被的高矮对火灾也同样具有一定的影响，高植物区比低植物区水分含量高，相对比矮植物易燃程度要小些。由于气象要素对林火的影响是综合性的，因此不能用单一的气象要素去研究预报林火，而应分析研究各要素间的综合作用和机理，如海拔增加，气温降低，降水量在一定高度范围内，随高度的增加而增加，从而造成温度低、湿度大的不易燃烧条件。但海拔增高，相应风速加大，又使火灾蔓延加速。

2.植物种类和森林类型

一般针叶比阔叶易燃，如松类、落叶松、云冷杉等含大量的树脂和挥发油，极易燃烧，而阔叶树含水分较多，较不易燃，但桦树皮非常易燃。混交林不易发生火灾，即使发生蔓延也慢，损失小。幼龄针叶林、复层林易发生树冠火，且火灾危害重。疏林中多发生地表火。林内卫生状况不良易引起火灾。不同的森林类型，是树种组成、林分结构、地被物和立地条件的综合反映，其燃烧特点有明显差异。如落叶松的不同林型燃烧性也不同。

3.气候、气象条件

在其他条件相同的情况下，火灾的发生发展取决于气象因子。如空气湿润、风速风向、温度、气压等。

（1）湿度与森林火灾

空气中的湿度可直接影响可燃物体的水分蒸发。当空气中相对湿度小时，可燃物蒸发快，失水量大，林火易发生和蔓延。

（2）气温与森林火灾

气温高时，可燃物易燃。资料统计分析结果表明：气温 $t < -10$℃时，一般无火灾发生；-10℃ $< t \leq 0$℃时可能有火灾发生；0℃ $< t \leq 10$℃时发生火灾次数明显增多，致灾也最严重；11℃ $\leq t \leq 15$℃时，草木植被复苏返青，火灾次数逐渐减少。

（3）风与森林火灾

风不但能降低林中的空气湿度，加速植物体的水分蒸发，同时使空气流畅，具有动力作用。一旦火源出现，往往火借风势，风助火威，使小火发展蔓延成大火，形成特大火灾。

（4）降水与森林火灾

干旱无雨，水分蒸发量大，地表物干燥时，林火发生的可能性增大。一般情况下，降水量≤5mm时，对林火发生有利；降水量≥5mm时，对林火发生发展有抑制作用。

（5）季节与森林火灾

季节不同，气象条件变化，火险情况亦异。我国南方林区火灾危险季节为春、冬两季，东北主要以春、秋两季为防火季节，春季火灾可占全年80%以上。

（二）森林火灾的预防

森林火灾具有突发性和随机性的特点，然而，森林火灾的发生是可以预防的。并且由于森林火灾在时空分布上极端不平衡，一个地区一定程度上难以控制和扑灭一场规模巨大的火灾，因而预防措施在森林防火实践中显得尤为重要。森林火灾预防措施概括来讲主要包括以下几个方面：

1. 杜绝火源

林火的火源绝大部分是人为火源，所以防火的重点是管理人为用火。要积极贯彻“预防为主，积极消灭”的方针，了解生产用火和生活用火的规律、特点，制订管理办法，向用火群众进行宣传。宣传的重点，除讲清楚森林防火的意义外，还要让群众知道这样一个道理：森林火灾是人用火不慎引起的，人引起的火还要人去扑救，这样一切损失又都回报到人的身上。懂得了这个道理，防火的自觉性就提高了。对护林防火的重大意义的认识，与一个国家林业经营的历史有关。目前，我国还存在着毁林开荒、游耕、游种等现象，只靠宣传是难以扭转的，必须同时依据政策，解决林权、定居、吃粮、烧柴等实际问题。杜绝火源，宣传教育，重点还要放在贯彻执行《中华人民共和国森林法》上。无数事实证明了依法护林的有效性。行政宣传措施，配合法制可取得良好效果。特别是在现阶段，扑救林火在经济技术力量不足的情况下，更应借助法制护林。

2. 及时发现火情

及时发现火情很重要，一般采用下面一些手段和方法：火险天气预报、防火瞭望、防火巡逻、红外线探火。另外，群众报火也很重要。

（1）火险天气预报

为了及时发现火情，先要发布火险天气预报，结合森林火险等级，进行巡逻和采取防火措施。具体方法是：根据测算的综合指标，查处火险等级，据火险天气等级发布防火措施。

（2）防火瞭望

一般建设瞭望台进行瞭望。瞭望台多采用亭式、塔式，可用木结构、砖石结构或钢架结构。设置瞭望台要选择地形的高点，照顾修建和行走方便。可用树木做瞭望台，但观测面积小、不安全。瞭望台的高度视林木和地形而定，一般高10 ~ 50m。防火瞭望台的数量由林区面积、森林价值和经营强度决定。一般一个林场要设数个。在集约经营的林区5 ~ 8km一个，在粗放经营的林区15km一个。每个瞭望台大约控制在5000 ~ 15 000hm^2的面积。在山地条件下应多设，其距离的远近是以2个瞭望台能通视到同一点为原则。瞭望台上设有瞭望桌、凳子、方位罗盘仪或火灾定位仪、电话或无线电话机、信号工具、望远镜等。瞭望台顶端应安置避雷针。火灾发生后，利用2个以上的瞭望台报告的火灾方位角确定火场地点。当林场或防火指挥部接到2个以上瞭望台的报告以后，在绘有各个瞭望台位置的林区平面图上，很快就可在交汇处找到发生火灾的地点。

（3）防火巡逻

防火巡逻一般分为地面巡逻和航空巡逻2种。地面巡逻是在交通许可、人烟较密的林区，尤其在我国集体林区，由森林警察、护林员、营林员或民兵等专业人员进行巡逻。它可代替防火瞭望台或辅助瞭望台的不足（设置瞭望台花钱较多）。地面巡逻的主要方式有骑马、骑摩托、步行等。地面巡逻的主要任务是：林区警戒，防止坏人破坏森林；检查野外生产用火和生活用火情况，制止违反用火规章制度的行为：及时发现火情，及时报告，并积极扑救森林火灾；检查和监督入山人员，防止乱砍滥伐森林，进行护林防护宣传；了解森林经营上的其他问题，及时报告。航空巡逻的方式适应在人烟稀少、交通不便的偏远林区。飞机巡逻要划分巡逻航区，一般飞机高度在1500 ~ 1800m，视航40 ~ 50km。飞机上判定火灾或火情可根据以下特征：无云天空出现有横挂天空的白云，下部有烟雾连接地面时，可能发生了火灾；无风天气，地面冲起很高的烟雾，可能发生了火灾；飞机上无线电突然发生干扰，并嗅到林火燃烧的焦味时，可能发生了火灾。此时，尽量低飞侦察，找到起火地点，测定火场位置，写好报告，附上火场简图，装在火报袋内，投到附近的林业部门或居民点；同时飞行观察员立即用无线电向防火部门报告。飞机上判定林火种类并不困难。见到火场形状不太窄长，不见（或少见）火焰，烟灰白色，则为地表火；火场窄长，火焰明显，烟暗黑色，则为树冠火；不见火焰，只见浓烟，则为地下火。航空确定火场位置的方法有以下3种：交汇法、航线法和目测法。

（4）红外线探火

红外线探火是利用红外线探火仪进行的。利用红外线探火可以探明用其他方式不易发现的小火或隐火。红外线探测仪还可用来检测清理火场后余火的活动。虽然红外线探火还有不足之处，如不易确定火源性质等，但作为一种先进技术，应逐步完善和积极采用。

除了以上几种比较常见的方法以外，随着技术的发展，遥感技术以其快速、宏观、动态的特点而成功地应用于森林火灾监测和灾后评估，如Churieco和Martin应用NOAA/AVHRR影像成功地进行了全球火灾制图和火灾危险评价。

（三）森林火灾的控制

防止森林火灾扩大和蔓延的主要措施有：

1. 营林防火

目的是为了减少和调节森林可燃物，改善森林环境。常采用的措施有：不断扩大森林覆盖面积；加强造林前整地和幼林抚育管理；针叶幼林郁闭后的修枝打杈；抚育间伐。

2. 生物与生物工程防火

开展生物与生物工程防火常采用的措施有：利用不同植物、不同树种的抗火性能来阻隔林火的蔓延；利用不同植物或树种生物学特性方面的差异来改变火环境，使易燃林地转变为难燃林地，增强林地的难燃性；通过调节林分结构来增加林分的难燃成分，降低易燃成分，改善森林的燃烧性；利用微生物、低等动物或野生动物的繁殖，减少易燃物的积累，也可以达到降低林分燃烧性的目的。

3. 以火防火

在人为的控制下，按计划用火，可以减少森林中可燃物的积累，防止林火蔓延。以火防火的应用范围主要有：火烧清理采伐剩余物；火烧沟塘草甸是东北林区一项重要的森林防火措施；火烧防火线；林内计划火烧。

（四）森林火灾的扑救

森林火灾的扑救是一项极其艰巨的工作，实践证明在林火的扑救中必须贯彻“打早、打小、打了”的原则。目前，扑救林火的基本方法有3种：

1. 直接扑灭法

这类扑灭方法适用于弱度、中等程度地表火的扑救。由于林火的边缘上有40% ~ 50%的地段燃烧程度不高，因而这个范围恰好可被用来做扑火队员的安全避火点。其主要采用的灭火方法有：

（1）扑打法

扑打法是最原始的一种林火扑救方法，常用于扑救弱度地表火。常用的扑火工具有扫

把、枝条，或用木柄捆上湿麻袋片做成。扑打时将扑火工具斜向火焰，使其成45°角，轻举重压，一打一拖，这样易于将火扑灭。切忌使扑火工具与火焰成90°角，直上直下猛起猛落的击打，以免助燃或使火星四溅，造成新的火点。

（2）土灭火法

这种方法适用于枯枝落叶层较厚、森林杂乱物较多的地方，特别是林地土壤结构较疏松，如砂土或砂壤土更便于取用。土灭火法是以土盖火，使之与空气隔绝，从而火窒熄。如以湿土灭火会同时有降温和隔绝空气的作用。土灭火法常用的工具和机械有：手工工具（铁锹、铁镐等），喷土枪（小功率的喷土枪每小时可扑灭0.8 ～ 2.5km长的火线，比手工快8 ～ 10倍），推土机（推土机除用于修筑防火公路外，更重要的是用于建立防火线。在扑救重大火灾或特大火灾时，常使用推土机建立防火隔离带，以阻止林火蔓延）。

（3）水灭火法

水是最常用的也是最廉价的灭火工具。如果火场附近有水源，如河流、湖泊、水库、贮水池等，就应该用水灭火。用水灭火可以缩短灭火时间，还可以防止火复燃。用水灭火需抽水设备，如用M-600型自动抽水机，射程可达900m，一般每平方米喷水1 ～ 2.5L即可灭火。在珍贵树种组成的林区，可设置人工贮水池，因为用水灭火比用化学灭火和爆炸灭火等更为经济。

2.间接灭火法

有时由于火的行为，可燃物类型及人员设备等问题的关系，不允许使用直接灭火法，就要采用间接灭火法。这类灭火法适用于高强度的地表火、树冠火及地下火。主要是开设防火沟、开设较宽的防火线或利用自然障碍物及火烧法来阻碍森林火灾的蔓延。

3.平行扑救法

当火势很大、火的强度很高、蔓延速度很快、无法用直接方法扑救时，让地面扑火队员和推土机沿火翼进行作业或建立防火隔离带。

参考文献

[1]王贞红.高原林业生态工程学[M].成都：西南交通大学出版社，2021.
[2]贺应科，肖炜.南方松材线虫病防治技术及管理手册[M].北京：中国农业科学技术出版社，2021.
[3]金涌，胡山鹰等.生态农业工程科学与技术[M].北京：中国环境出版集团，2021.
[4]王海帆.生态恢复理论与林学关系研究[M].沈阳：辽宁大学出版社，2021.
[5]周小杏，吴继军.现代林业生态建设与治理模式创新[M].哈尔滨：黑龙江教育出版社，2021.
[6]王东风，孙继峥，杨尧.风景园林艺术与林业保护[M].长春：吉林人民出版社，2021.
[7]方精云，刘玲莉.生态系统生态学回顾与展望[M].北京：高等教育出版社，2021.
[8]杨红强，聂影.中国林业国家碳库与预警机制[M].北京：科学出版社，2021.
[9]廖宝文，辛琨，黄勃.生态学研究红树林团水虱危害与防控技术[M].北京：科学出版社，2021.
[10]王焱.经济果林病虫害防治手册[M].上海：上海科学技术出版社，2021.
[11]王浩，李群等.中国特色生态文明建设与林业发展报告(2019—2020）[M].北京：社会科学文献出版社，2020.
[12]展洪德.面向生态文明的林业和草原法治[M].北京：中国政法大学出版社，2020.
[13]吴鸿.主要经济林树种生态高效栽培技术[M].杭州：浙江科学技术出版社，2020.
[14]王琦安，施建成.全球生态环境遥感监测2019年度报告——全球森林覆盖状况及变化[M].北京：中国测绘出版社，2020.
[15]殷晓松.森林植被生态修复研究[M].长春：吉林人民出版社，2020.
[16]铁铮.林业科技知识读本[M].北京：中国林业出版社，2020.
[17]俞元春.城市林业土壤质量特征与评价[M].北京：科学出版社，2020.
[18]任全进，刘刚，蒋飞.园林植物病虫害防治手册[M].南京：东南大学出版社，2020.
[19]王黎明."互联网+"林业灾害应急管理与应用[M].杭州：浙江工商大学出版社，2020.
[20]蒋志仁，刘菊梅，蒋志成.现代林业发展战略研究[M].北京：北京工业大学出版社，

2021.
[21] 王军梅，刘亨华，石仲原.以生态保护为主体的林业建设研究[M].北京：北京工业大学出版社，2019.
[22] 王夏辉，王波，何军.山水林田湖草生态保护修复基本理论与工程实践[M].北京：中国环境出版集团，2019.
[23] 张智光.生态文明和生态安全：人与自然共生演化理论[M].北京：中国环境出版集团，2019.
[24] 陈丽鸿.中国生态文明教育理论与实践[M].北京：中央编译出版社，2019.
[25] 时希杰，祁飞，杨绍鹏.生态文明领域深化改革重点路径研究[M].北京：北京理工大学出版社，2019.
[26] 柯水发，李红勋.林业绿色经济理论与实践[M].北京：人民日报出版社，2019.
[27] 马国勇，刘刚，孙宏文.森林生态经济学[M].北京：企业管理出版社，2019.
[28] 李南林，梁远楠.100种常见林业有害生物图鉴[M].广州：广东科技出版社，2019.
[29] 邢旭英，李晓清，冯春营.农林资源经济与生态农业建设[M].北京：经济日报出版社，2019.